Synergy 医用加速器临床实用指南

Guidance of Synergy Linear Accelerator in Clinical Practice

主　编　付庆国　解李斯琪

副主编　罗庭军　梁文杰　胡秀琼

科学出版社

北　京

内 容 简 介

　　本书对肿瘤放射治疗师如何使用 Synergy 医用电子直线加速器开展肿瘤放射治疗和图像引导放射治疗，以及医学物理师如何对 Synergy 医用电子直线加速器开展质量控制以图文方式进行了详细描述。希望通过直观、明了的方式对使用 Synergy 医用电子直线加速器的医技人员有所帮助，更加充分地发挥 Synergy 医用电子直线加速器的技术潜力，为病人带来应有的治疗获益。本书还尝试对操作该型加速器的治疗师和物理师的岗位责任分工提出一些建议，希望能使不同岗位的人员通力配合，更好地为病人服务。

　　本书适合从事肿瘤放射治疗的治疗师、物理师、维修工程师的使用，也可以为放疗医师了解 Synergy 医用电子直线加速器提供参考。

图书在版编目 (CIP) 数据

Synergy医用加速器临床实用指南/付庆国，解李斯琪主编. —北京：科学出版社，2021.1
　ISBN 978-7-03-066517-1

　Ⅰ.①S⋯　Ⅱ.①付⋯②解⋯　Ⅲ.①医用直线加速器－指南　Ⅳ.①TH774-62

中国版本图书馆CIP数据核字（2020）第204513号

责任编辑：郭　颖/责任校对：郭瑞芝
责任印制：赵　博/封面设计：龙　岩

科 学 出 版 社 出版
北京东黄城根北街 16 号
邮政编码：100717
http://www.sciencep.com

三河市春园印刷有限公司 印刷
科学出版社发行　各地新华书店经销

*

2021 年 1 月第　一　版　开本：720×1000　1/16
2021 年 1 月第一次印刷　印张：15 1/4
字数：308 000

定价：168.00 元
（如有印装质量问题，我社负责调换）

编 委 会

序 言

　　现代肿瘤放射治疗学是建立在放射物理学、放射生物学、放射技术学、临床肿瘤学等四个学科基础之上的，是专门研究应用放射性物质或放射线在临床治疗疾病的原理和方法的学科。其中，放射物理学及放射技术学主要研究的就是放射源的性能特点、治疗剂量学、放射治疗的质量控制和质量保证、各种放射源或放疗设备的临床应用等技术。

　　自认识电离辐射在肿瘤治疗中的应用以后，放射治疗设备随之不断地迭代发展，从最原始的浅层、中层和深部 X 线治疗机到钴 -60 治疗机和各种医用直线加速器。时至今日，这些放射治疗设备已使用了百余年。

　　计算机技术与功能影像技术的飞速迭代，为新一代放疗设备带来更强大的生命力和发展空间。伴随着放疗设备和放疗技术日新月异的发展，对放疗的安全性和精确性的要求也不断提升，因此对物理技术人员的要求也越来越高，要求我们不断地更新专业知识和技术。有鉴于此，广西医科大学附属肿瘤医院等单位的多位医师、物理师通力合作，充分发挥各自的知识优势，集合自身雄厚的基础理论和丰富的临床实践，将连篇累牍的设备使用手册和零散繁复的临床应用流程相结合，删繁就简著成此书。本书立足于 Synergy 加速器的迭代发展，着重阐述了该设备的原理、结构、机房布局、日常使用、质量保证和质量控制等基础知识和临床实践规范，内容丰富详实，剖析深入浅出，集实用性、规范性、前瞻性为一体，为推动广大物理技术人员对 Synergy 加速器高效、有序、规范的使用提供了不可或缺的参考资料。

　　在此致谢本书的作者，用实际行动来践行"行胜于言"、践行清华大学放射治疗联合平台（RTUP）的服务宗旨、践行肿瘤放射物理人的初心和使命。希望此书的出版，在推动 Synergy 加速器精准施用的同时，能激发更多肿瘤放射治疗同仁的使命和担当，凝练出更多同样有价值的新理论与实践研究，服务更多的放射肿瘤医师、放射肿瘤物理师、放射肿瘤治疗师，为我国的肿瘤放射治疗事业添砖加瓦，做出更多贡献。

——王 石

清华大学工程物理系医学物理与工程研究所　副所长
中国医药教育协会肿瘤放射治疗专委会　副主任委员

前　言

Synergy 加速器是 2003 推向市场的一代具备锥形束 CT 容积影像引导功能的放射治疗机。其前身源自 Philips 的 SL75 系列电子直线加速器，后经历数字化、配置 MLC、配置平面电子射野影像验证（EPID）系统的 Precise 机型加速器发展而来。再后来，公司又陆续推出了 VersHD（Infinity、Axesse）、磁共振引导加速器 Unity 等。Synergy 加速器属中高端机型，在市场占有相当的份额。

Snergy 数字化医用直线加速器能够提供 4～25MV 多档光子线和 4～22MeV 多档电子线，适于开展三维适形、step and shoot 静态调强、VMAT 旋转调强、EPID 二维平面影像验证、CBCT 三维容积影像验证等技术。Synergy 机型还可选配 160 叶、5mm 叶宽的 Agility 机头、六维治疗床、主动呼吸门控（ABC）等硬件功能。

Synergy 加速器技术结构复杂。需要医师、物理师、维修工程师和治疗师充分掌握该设备的技术细节，通力配合才能充分发挥其技术潜力，为患者带来应有的治疗获益。本书旨在从不同岗位（治疗师、物理师和维修工程师）的临床工作需求出发，将我们的临床实践经验和名目繁多的用户手册内容相结合，去繁就简，为不同岗位人员更好地了解和使用 Synergy 加速器提供一套指导性书籍。

编　者

目　录

第三篇　物 理 师 篇

第一篇

加速器原理

第1章

Synergy医用加速器的基本原理及结构

治疗师和物理师要使用好医用电子直线加速器一定要对加速器的基本原理和结构有较深入的认识。本章旨在系统介绍 Synergy（包括 Precise）加速器的基本原理和结构。

Synergy 型医用电子直线加速器是一款行波加速器，而市场上其他品牌的加速器多为驻波加速器。无论行波还是驻波，从临床使用所关心的输出辐射性能看，两者并无太大区别。但从操作和维护角度，行波加速器加速管较长，效率较低，但能谱较好，能量调节较容易。驻波加速器则具有较高的效率，加速管与电子枪较短，结构紧凑，但对脉冲调制器、自动稳频系统、偏转系统、微波传输系统等都有较高的要求。

行波加速的原理是电子行进在行波电场中，电子速度与行波相速度同步，电子速度增加行波电场的传播速度也同步增加，电子始终处于行波电场的加速相位。对于 Synergy 加速器的基本原理和结构，我们以辐射束流的产生为主线简要介绍如下：

1.三相电通过控制室内的隔离开关输送给Synergy加速器的接口柜(interface cabinet)（图 1-1）。电力在接口柜中通过断路器和接触器等分配到加速器各系统和子系统。主要分为高压电源、低压高电流电源、低压低功率电源和动力电源等。高压电源主要包含脉冲高压调制器、离子泵电源和电离室电源等；低压高电流电源主要向聚集线圈、偏转线圈和磁控管磁场线圈提供直流电源；低压低功率电源主要在控制系统、连锁系统、马达驱动电路等处；动力电源用于水冷循环水泵、各类机械运动等处。此外，治疗机头、治疗床、溅射离子泵电源等是独立电源供应。

图 1-1 接口柜

图 1-2 脉冲高压调制器

2. Synergy 加速器的脉冲高压调制器（图 1-2）负责将输入的三相电转化为稳定的高压脉冲功率，分为两路，一路反馈给微波源——磁控管（图 1-3）；一路反馈给电子源——电子枪（图 1-4）。电子源发射的电子在微波源产生的行波电场作用下加速加能。Synergy 加速器的脉冲高压调制器采用线型调制器，其原理如图 1-5 所示：三相电通过三相全波整流桥和平滑电路形成一个 600V 左右的直流电源，当控制电路使达林顿对（TR1、TR2）导通时，600V 电源加载到充电变压器的初级绕组并使初级绕组中的电流呈线性增加，此时充电变压器次级绕组电压为负，电流则被充电变压器串联二极管所阻止。这样电能存储到充电变压器中。当初级绕组的电流电压值达到预设水平后控制电路关闭达林顿对（TR1、TR2），充电变压器次级绕组电压翻转，产生的余弦电流通过充电变压器串联二极管流向脉冲形成网络（Pulse-Forming Networks，PFN）。以上可称之为充电电路。脉冲形成网络由等电感等电容的链形网络组成，起到储能元件的作用。接下来放电电路：作为开关器件的闸流管（图 1-6）被触发导通，存储在 PFN 中的电能向脉冲变压器的初级绕组放电。放电过程的时间要比充电过程短很多，其形成的脉冲宽度约为 3μs。脉冲变压器的次级绕组连接负载磁控管和电子枪，磁控管负载远高于电子枪负载。脉冲高压调制器的任务就是向磁控管输出有足够大功率、一定重复频率和一定宽度、波形合适的脉冲电压，同时也向电子枪输出相同重复频率和脉冲宽度、不同幅度的脉冲电压，进而激励磁控管产生微波电磁场和激励电子枪发射加速电子。

图 1-3　磁控管

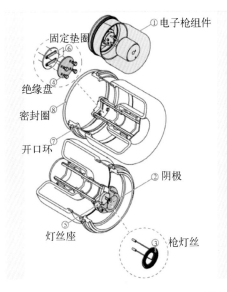

图 1-4　电子枪

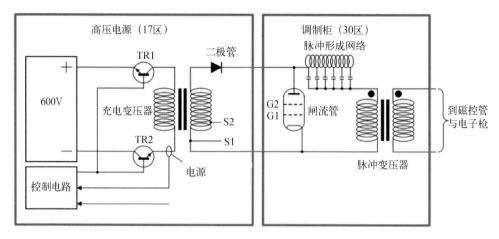

图 1-5　脉冲高压调制器原理

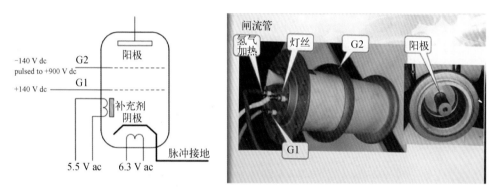

图 1-6　闸流管

3. 磁控管将加载在其阴极上的高压脉冲转化成微波脉冲功率，并通过波导传输系统馈送进加速管中，用以激励加速电子所需的电磁场。Synergy 加速器的微波源——磁控管工作在 2856MHz 额定谐振频率，峰值输出功率为 5 兆瓦。磁控管的圆筒形阴极连接来自脉冲高压调制器中脉冲变压器所输出的 38～52kV 的负电压脉冲，同时阴极接有加热用螺旋灯丝以使阴极发射电子。阳极是环绕阴极的大铜块，上面开了 12 个相互耦合的独立谐振腔，在相间隔的 6 个谐振腔内有可驱动伸进伸出的金属杆，通过驱动这 6 个金属杆一起运动来改变谐振腔的物理尺寸进而对磁控管的工作频率进行调节。阳极外壳接地使阳极和阴极间具有高电势差，阴极发射的电子被阳极所吸引。磁控管周围包绕着直流供电的电磁铁以为磁控管提供磁场方向与阴极轴平行的强磁场。这样磁控管的基本工作原理是：阴极发射的电子在阴极和阳极间电场的作用下将调制器的高压脉冲功率转化为电子的动能，电子在电磁铁提供的强磁场作用下，在阳极的耦合谐振腔链中做回转运动，从而产生微波频段交变电磁场；反过来交变电磁场又进一步与电子相互作用，使电子减速，将电子的动能转化为微波能。磁控管起震后，会有一部分电子回轰阴极，使阴极温度升高，因此阴极灯丝电流采用伺服电路控制并按一定的电压降压规律来调节灯丝加热电压，以防止阴极温度过高。磁控管的振荡频率必须与加速管的工作频率相一致，才能保证加速器稳定工作，不致使电子能量降低和能谱增宽，从而使输出剂量率降低。这需要一套自动稳频系统（Auto Frequency Control System，AFC）来自动调节磁控管的振荡频率。Synergy 加速器采用锁相 AFC 系统：两个取样探针分别从矩形波导的输入窗口处和加速波导的中段取样微波信号，经衰减器和移相器馈入混合耦合器。混合耦合器将微波频率相位差异转变成脉冲电压幅值差异。通过这个电压幅值差异，控制电路驱动插入磁控管中的 6 个金属棒的插入深度来改变磁控管谐振腔的大小，进而调整磁控管谐振频率与加速管频率相一致。

　　加速器的波导系统将磁控管产生的微波经过各种变换定向传输至真空加速管中，并在加速管的终端将微波剩余功率引出，或通过负载吸收剩余微波功率，或重新反馈回加速管中利用。Synergy 加速器的波导系统多采用相对简单的终端接吸收负载吸收剩余微波功率的结构，其结构如图 1-7 所示。磁控管①产生的微波沿着矩形波导（包括弯曲波导 ⑫、软波导④等）传输。在传输路径上经过隔离器 ⑪，隔离器是一个对入射波和反射波呈现方向性的元件，其作用是防止在微波传输过程中产生的反射波进入磁控管，影响磁控管的工作稳定和安全。波导系统在电子枪②端通过微波输入窗③和输入模式转换器 ⑭ 将微波馈入圆形加速管。圆柱形加速管波导分成两段分别为聚束段⑤和相对论段⑦。由于电磁波在真空圆柱形波导中的相位传播速度要大于光速，为了同步加速电子，在加速管中周期性插入带中孔的金属膜片以起到减慢电磁波的相位传播速度的作用。在聚束段插入膜片的间距并不相等，前六个膜片间距逐渐增大使电磁波的相位速度逐渐增大，正好与电子速度增加相匹配。在加速管的相对论段，由于电子速度已接近光速恒定，因此插入膜片的间距近似相等，波速仅略有增加，电子能量的增加主要通过相对质量的增加而获得。在波导系统中为提高功率容量，防止击穿打火，充入了约 0.8bar 的六氟化硫气体，而为加速电子，加速管必须维持 10^{-5} 以上的真空度。微波输入窗③的作用就是连接并密封真空和充气部分，让微波顺利通过。输入模式转换器 ⑭ 将在矩形波导中传输的 TE 模式微波转换成圆形加速管中加速电子所需的 TM 模式波。在微波输入窗③，加速管聚束段与相对论段的衔接处分别放置有微波取样探针用于自动稳频系统（AFC）。在加速管的末端通过输出模式转换器⑧和微波输出窗⑨将剩余的微波功率馈入吸收负载。吸收负载呈锥形结构，一端逐渐变细，不同的物理尺寸产生变化的阻抗将剩余微波功率转化为热量，再由水冷循环系统将产生的热量带走。

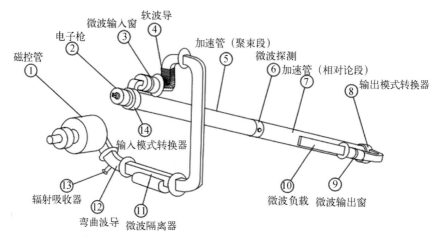

图 1-7 **波导系统**

4. 电子枪为加速管中的微波场提供电子注，加速管的盘荷波导设计使电子注能够不断落入微波电场的加速相位，电子能量得到不断增加。Synergy 加速器的电子枪可单独进行拆卸，它通过 O 形密封圈与加速管的输入端相连接。其结构如图 1-4 所示，直接加热的螺旋灯丝阴极的两端从玻璃封罩引出，接入脉冲形成网络中的脉冲变压器。有中孔的阳极同时也作为聚焦电极。枪灯丝在加速器没有辐射束流时保持在待机电流状态。当需要出束时，脉冲形成网络产生的高压负脉冲在馈给磁控管的同时，也经过电子枪线路上的电阻电容的延迟加载给电子枪灯丝（这个负电压脉冲最大为 −50KV），这个延迟时间正好使加速微波场在加速管中建立。枪灯丝在负脉冲的激励下释放出空间电荷，空间电荷在阴极和阳极间电压以及聚焦极的作用下以约 0.4 倍光速的速度沿加速管主轴注入加速管聚束段。电子枪是伺服控制系统的一部分，该伺服系统通过控制电子枪灯丝电流来控制加速电子束电流，进而保持 X 线模式下恒定的束流能量，以及保持电子线模式下恒定的束流剂量率。电子枪的伺服控制信号取自治疗机头中的电离室。在 X 线模式下，电离室中 inner hump 与 outer hump 两块束流强度检测极板的信号用于检测束流能量变化。在电子线模式下，电离室检测的剂量率变化信号用于伺服控制枪灯丝电流以维持电子线恒定的剂量率。

5. 束流系统。Synergy 加速器的束流系统包括束流输运系统（beam transport）和治疗束形成系统（beam shaping）两个部分。

(1)束流输运系统(beam transport)主要包括聚焦系统、对中系统及偏转系统。图 1-8 为 Synergy 加速器电子束流控制系统的原理图。

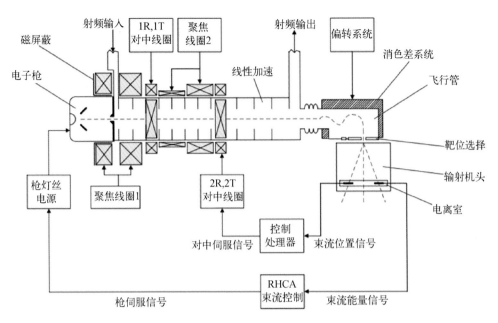

图 1-8　电子束流控制系统原理

如图 1-8 所示，电子枪阴极灯丝发射的电子在枪聚焦电极的电场作用下形成电子注，经阳极孔直接进入加速管被连续加速。在加速管的前半部分安装的聚焦线圈（focus coils）提供静态轴向磁场以限制电子束的横向运动，防止束流因扩散而丢失。

两组对中线圈（centring coils）（1R&1T，2R&2T）使电子束在输运过程中保持在加速管中心轴上。若电子束不在加速管中心轴上，则电子束可能无法通过加速管微小的孔道完成有效加速；另外，电子束经偏转系统偏转后，束斑中心位置相对设计的束流中心位置产生偏差，可影响射野的均整度和对称性。每组对中线圈由两对互相垂直且与束流垂直的线圈组成，从而提供两个正交的横向磁场。通过这两个正交磁场的作用，可控制电子束在偏转平面上的径向运动（R）和垂直于偏转平面的横向运动（T）。1R&1T 位于加速管的输入端。2R&2T 位于接近加速管的输出端，聚焦磁场影响范围之外的地方。伺服系统控制的 2R&2T 产生的两个正交横向磁场可用以补偿由于地球磁场等外力作用引起的电子束随机架角度变化而产生的微小偏向。一个计算机内置表单（Look-up table，LUT）用以指导伺服系统在不同机架角度自动设置相应的 2R&2T 对中线圈磁场，然后根据电离室检测到的信号进行伺服微调。

Synergy 加速器采用滑雪式三磁铁消色差偏转系统，如图 1-9。电子束从加速管出来进入波纹管（bellows），波纹管配合靶移动机械结构可使飞行管（flight tube）在束流偏转系统（bending system）中移动。靶移动机械系统可使 X 线靶或电子引出窗准确定位到治疗头顶部，从而分别产生 X 线或电子线。当电子束从波纹管出来进入真空飞行管，飞行管两边放置着由一套消色差三磁体阵列组成的束流偏转系统。该偏转系统是双消色差系统，即有色差的电子偏转后的束流垂直输送到同一焦点，经过焦点后射束仍保持平行。在其影响下，束流经过 112° 偏转引出成为垂直于治疗平面的治疗束流（从水平以上的 22° 偏转到以下的 90°）。

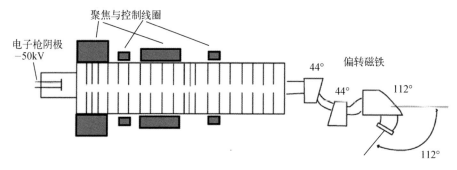

图 1-9 滑雪式三磁铁消色差偏转系统

在 X 线模式下，电子束以垂直的角度撞击靶中心产生对称的 X 线输出，经过均整块将 X 线束流转化成在治疗平面具有一定平坦度的 X 射线场。

在电子线模式下，电子束通过稀薄的金属"窗口"中心进入治疗机头，再经过双散射箔散射形成均匀的治疗电子束。

（2）束流的伺服控制系统：电子束流在偏转系统中的飞行路径取决于如下条件：①每个偏转磁场的场强；②束流的能量；③束流进入偏转磁场的角度。这些参数需要密切控制才能获得稳定和平坦的输出射野。根据所选择的束流能量，在滑雪式偏转磁铁线圈中的电流被控制和稳定在一定水平上。图 1-8 即为 Synergy 束流传输伺服控制示意图。

在滤过器旋转托盘（装载均整器和散射箔的旋转托盘）的下侧安装有一个复合电离室（Ion Chamber）。该电离室用来监测辐射剂量以及伺服控制加速管中的电子束。它由两个独立监测剂量的电离室和监测射野平坦度和对称性变化的平板电离室组成。

在 X 线模式下，电子束的功率基本稳定，所以束流负载的任何变化都会使束流能量产生相应变化。因此，Synergy 加速器通过电离室采集到的束流能量信息来伺服控制电子枪的发射以保持恒定的束流能量。

而在电子束模式下，伺服系统与 X 线模式不同。通过伺服控制电子枪的发射来保持稳定的剂量率。

2R&2T 对中线圈通过控制电子束飞行进入偏转磁铁的位置和角度来保持射野的均整性稳定。电离室为 2R&2T 线圈提供控制信号。①在偏转平面上，电离室分出两对监测区域 [内收集极（inner）和外收集极（outer）]。其中一对内收集极区域（inner）对电子束的对中误差很敏感，因此在伺服系统中该收集极区域的信号被用来控制 2R 对中线圈的电流。②在垂直于偏转平面的方向上，电离室分出一对监测区域来监测射野两边（AB 方向）的误差信号。该信号被用来伺服控制 2T 对中线圈的电流以保证 X 线或电子线射野 AB 方向的对称性。在实际应用中，Synergy 加速器仅通过与机架角度关联的内置表单（Look-up table，LUT）来控制 2T 对中线圈的电流来准确保持射野 AB 方向的对称性。

（3）治疗束成形系统（Beam shaping）的作用是将加速管输出的电子束引出，然后作用于射束产生部件，形成满足一定均匀性和对称性要求的治疗束，并将治疗束限值在一定区域，得到不同尺寸的辐射野。同时，对漏射进行屏蔽。Synergy 加速器的治疗束成形系统包含 3 个可移动式过滤器，分别是初级（散射）过滤系统 [Primary（scatter）filter system]、初级准直器系统（Collimator system）和次级过滤系统（Secondary filter system），如图 1-10 所示。

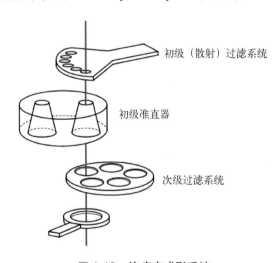

图 1-10　治疗束成形系统

初级过滤系统安装在 X 线靶 / 电子窗与初级准直器顶部之间的位置处，是一个包含 6 个位置散射过滤器的可移动的载体构件。其中 5 个装有不同厚度钽材料的电子散射箔，根据选择的电子能量匹配相应的散射箔。第 6 个位置是 X

线模式下的开孔。

初级准直器是一个双位置的束流限制组件。该组件由铅和钨材料构成。通过旋转运动在两个孔位间切换，一个孔用于低能 X 线和电子束模式，另一个专用于高能 X 线模式并配有射束硬化滤过器。

次级过滤系统安装在初级准直器下侧，由一个圆盘可转动载体配有五个滤波器位置构成。其中 1 ～ 2 个位置为 X 线的均整滤波器，其余的是针对不同能量电子线的二级散射箔。

此外，Synergy 加速器为动态楔形板技术，利用单一的 60° 内置楔形板在计算机程序控制下，自动组合成 0° ～ 60° 任意楔形角的剂量分布。限光筒和影子盘作为加速器的附件连接在辐射头的下方，以使射束进一步成形。

Synergy 加速器的电子线采用双散射箔技术，初级由高原子系数材料形成，直接安装在电子引出窗，厚度非常薄，目的是为了减少电子的能量损失和 X 线污染。次级由低原子序数材料做成，安放在初级准直器下方，轴附近较厚并沿径向逐渐减少，它对中心区电子吸收较多，能更有效地将电子散射到周围，提高均整度。电子束限光筒则主要起到限定射野和减小半影区的作用，对均整性影响是次要的。对于 X 线，X 线靶和均整器一起确定 X 线束的重要特性。从 X 线靶出来的 X 线束具有一定的能量密度、能量和角度分布。这种分布 Synergy 加速器通过均整器进行修正。电子束在靶上的角度和位置的偏移会使剂量出现不均整现象。甚至在机架旋转时的地磁变化也可以引起效应。Synegy 加速器采用伺服对中系统以保持射束精确的射在均整器的中轴位置上。

6. 剂量监测系统。Synergy 加速器的剂量监测系统采用开放式电离室监测辐射剂量、剂量率、对称性和均整度等辐射场参数。同时该监测系统还对温度、气压进行双通道监测，以及时对开放式电离室进行气压和温度校正或当监测到气压、温度发生漂移时立即停止辐射出束。

Synergy 加速器电离室如图 1-11 安装在小机头辐射束流路径上，位于次级过滤系统（Secondary filter system）与自动楔形板之间。其结构是在四层陶瓷环夹层中安置了三组 － 320V 电压的极化平板，其中两组用于剂量监测，一组用于束流伺服控制，整体为透射开放式结构。每组平板相对于靶的位置及功能如表 1-1 所示。

三组极化平板均由覆盖碳材料具有导电性的聚酯薄膜制成，通过绝缘的陶瓷基板隔开。聚酯薄膜板进行了光蚀刻，并在陶瓷基板上开具引出线将三组极化板收集的电离电信号引出到伺服控制系统。

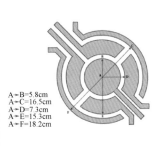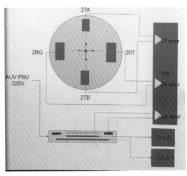

A→B=5.8cm
A→C=16.5cm
A→D=7.3cm
A→E=15.3cm
A→F=18.2cm

图 1-11　电离室

表 1-1　电离室极板的位置与功能

电离室极板	(Plate)	功能	位置
陶瓷环 1	伺服	监测束流场分布变化（对称性）以进行伺服控制	距靶最近
陶瓷环 2	− 320V	极化电压	
	剂量监测极板 A	为剂量通道 A 提供剂量监测信号	
陶瓷环 3	− 320V	极化电压	
	剂量监测极板 B	为剂量通道 B 提供剂量监测信号	
陶瓷环 4	− 320V	极化电压	距靶最远

　　电离室中的两组独立的剂量监测极化平板在接收到脉冲辐射后，产生脉冲电离电流输出。这些脉冲电流被传输到两个独立的印刷线路板（DOS-A 和 DOS-B）上，当脉冲累积到校准阈值时，印刷线路板向加速器控制系统（LCS）输出 1MU 信号。LCS 与两路剂量线路板保持持续的监控和通信。在每个线路板上有大量的故障保护电路，一旦故障触发则及时停止辐射出束。

　　电离室中的伺服控制极化平板分成 6 个区域，其中两个相对的区域用于侦测 2T 方向束流的对称性，另外两个相对的区域用于侦测 2R 方向束流的对称性，中间称为 inner hump plate 的区域用于监测电离室中心区域的辐射能量水平，外周称为 outer hump plate 的区域用于监测外周能量水平。这六路电离电流信号均被传输到伺服输入（Servo input board，SIB）印刷线路板，SIB 板使用数字信号处理技术，从电离室处接收电流脉冲，进行纠错，然后提供伺服和监控信号。这些输出信号用于伺服控制 2R 和 2T 对中线圈的电流，以及电子枪灯丝的电流。

　　在控制柜（LCC）中有一个剂量液晶显示模块（LCD），该模块从 DOS-A 线路板上取 MU 值信号，并在四位 LCD 显示屏上显示当前射野执行的 MU 值。

该模块具有备用电池，当主电源掉电时可仍然保留读数。

7. 治疗辐射头的作用是提供满足一定均匀性和对称性要求的辐射束流，并将辐射束流限制在一定区域内，得到临床需要的不同尺寸的辐射野。

Synergy 加速器目前标配 40 对 80 叶、在等中心处 1cm 叶宽 MLCi 2 治疗机头，较早出产的加速器配置为 MLCi 治疗机头。此外，还有一款已退出市场的 Beam Modulator™ 治疗机头，以及 Synergy 可升级选配但主要配置高端加速器（VersaHD/Infinity/Axesse）的 80 对 160 叶、在等中心处 5mm 叶宽的 Agility 机头。

MLCi 2 辐射机头与 MLCi 辐射机头的主要区别在于多叶光栅（MLC）。MLCi 2 的叶片厚度为 8.2cm，而 MLCi 的叶片厚度为 7.5cm。此外，在设计制造方面 MLCi 2 进一步优化了叶间漏射、优化了叶片弧形端面在整个射野范围内的半影；在制造工艺方面 MLCi 2 通过激光蚀刻叶片表面来减少光反射。

Beam Modulator™ 治疗机头的多叶光栅为 80 叶（40 对），在等中心处 4mm 宽，X 和 Y 铅门固定，最大射野面积为 16cm×21cm。相对叶片可以关闭在偏置位置处，相对叶片也可实现相互交错。

本书主要介绍 MLCi 2 机头。图 1-12 为 MLCi 2 和 MLCi 治疗机头的图示。

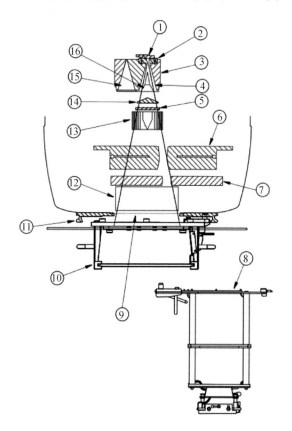

图 1-12　MLCi 2 和 MLCi 治疗机头的图示

①靶组件；②初级过滤器；③初级准直器；④初级准直器端口 1；⑤电离室；⑥ MLC；⑦ X 方向备份光阑（次级准直器）；⑧电子线限光筒；⑨聚酯十字丝膜；⑩影子托盘；⑪附件环；⑫Y 方向光阑（次级准直器）；⑬60° 电动楔形板组件；⑭次级过滤器（X 线均整块、电子线散射薄）；⑮初级准直器端口 2；⑯过滤器（高能 X 线选用）

图 1-13 为 MLCi 2 治疗机头的相关尺寸。

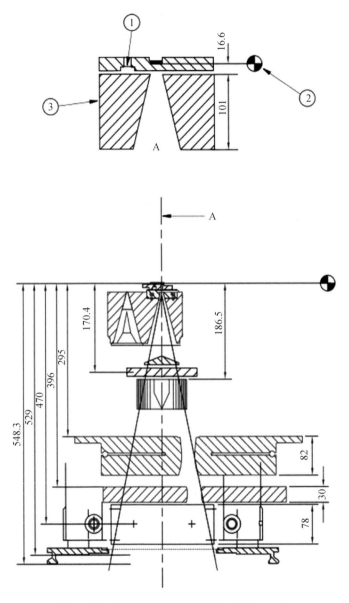

图 1-13　MLCi 2 治疗机头尺寸（单位 mm）
①电子引出窗；② X 线靶；③初级准直器

由上图可见 MLCi 2 辐射机头与 MLCi 辐射机头的基本结构是一致的，从上往下依次为：

①靶移动系统根据加速器的束流选择，X 线模式下将钨、铼和铜合金制成

的 X 线靶放置在束流路径上；电子线模式下将薄镍窗放置在束流路径上。在偏转磁铁附近的一组电机和涡轮装置驱动飞行管和靶进行水平运动。

②初级准直器由钨合金制成，有两个开口角度一致的可以切换的端口。低能 X 线和电子线选择中空的端口 2，高能 X 射线可能选择内含过滤器端口 1。

③次级过滤器是由一个转盘机构搭载了低能 X 线均整块和若干电子线散射薄。根据能量的选择而将相应的 X 线均整块或电子线散射薄移至束流中心轴。

④次级过滤器下方是电离室。

⑤电动楔形板是由铅锑合金（96% 铅和 4% 锑）制成的 60° 楔形板。通过开野与楔形野不同 MU 值的组合可以形成 1° ～ 60° 任意角度的楔形剂量分布。楔形板组件还包括一个 3mm 厚的铝合金反散射平板。该平板与楔形板之间有一个 1mm 的空气间隙。反散射平板始终存在于 X 线开野或楔形野的射野路径上（电子线则被移出），用以消除光阑的 X 线反散射对电离室的影响。楔形野的最大尺寸和内置楔形板方向如图 1-14 所示，阴影部分即为楔形野的最大尺寸，在机架零度和小机头零度时，楔形板的厚断朝患者足方向。

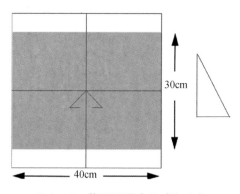

图 1-14   楔形野最大尺寸和方向

⑥ Synergy 加速器的 MLCi 或 MLCi 2 型多叶光栅替换加速器 AB 方向的上光阑，垂直于辐射束流方向安装。其叶片端面设计为半径为 150mm 的弧形端面（MLCi2 叶片端面的曲面半径并不在叶片高度的中心轴线上），这样使叶片在整个运动的射野范围内（包括跨中线 12.5cm 的范围）半影最优化。叶片的垂面沿着辐射束流发散的方向倾斜，离中心轴越远的叶片越倾斜，MLCi 的相邻叶片间采用 0.6mm 的凹凸槽结构轻微搭阶在一起，如图 1-15 所示，而 MLCi2 则是使叶片的倾斜稍微大于辐射束流的发散角度，如图 1-16 所示，通过这样的设计来减少叶间的漏射线。由于 MLCi 的搭阶或 MLCi2 的倾斜结构，使得单个叶片根据位置的不同在等中心平面的投影在 11 ～ 12mm，相邻叶片在等中心投影的

中心线均相距 10mm，也即相邻叶片在等中心的投影有大于 1mm 的重叠区域，如图 1-17 所示。两个相对叶片以及与其相邻叶片不能闭合，一般留有 5mm 的间隙以防止叶片碰撞；相对叶片不能实现相互交错；叶片跨过中心轴向对侧最多能运动 12.5cm。X 光阑由钨合金制成用于减少 MLC 的叶间漏射，其位置一般跟随在同侧射野最外侧的叶片位置处，最大程度的防止叶间漏射同时又不会影响由叶片定义的射野范围。X 光阑也最大可以移动到对侧 12.5cm，而 Y 光阑不能移动到对侧。

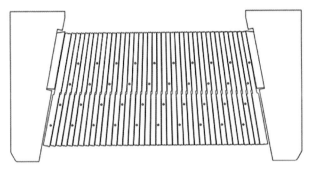

图 1-15　MLCi

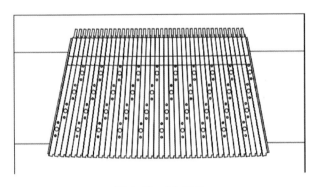

图 1-16　MLCi 2

　　每个叶片都有一个电机带动丝杆驱动，叶片的位置控制和监测由一套光学摄像系统完成。这套光学系统有两个主要功能：一是形成光野等效表示辐射野的范围，投影十字膜上的治疗机头旋转中心的"十"字标记线；二是将光投射到每个叶片上端面的反光点以及固定在叶片组件（Leaf bank）框架上的 4 个参考反光点上，再反射回摄像机系统，用于确定每片多叶光栅的确切位置。该光学系统位于多叶光栅的上方，如图 1-18 所示。

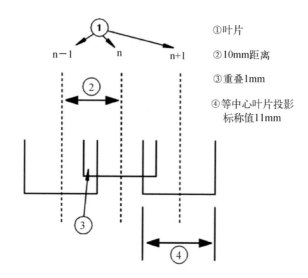

①叶片

②10mm距离

③重叠1mm

④等中心叶片投影
　标称值11mm

图 1-17　MLCi 或 MLCi2 叶片在等中心投影尺寸

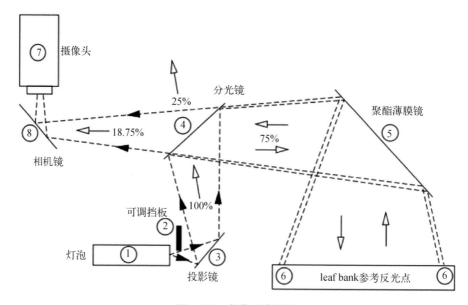

图 1-18　光学系统原理

　　整个光学组件做了模块化设计，这样可以整体的拆装这套光学摄像系统，再重新安装后可保持原先各组件的位置设置。凹面反射聚束式的卤钨灯源（投影灯泡）①发出的光线经投影镜③反射到分光镜④。可调挡板②用于遮挡超出投影镜③有效面积的光线以防止光野区域产生次生图像。分光镜④将 75% 的光反射到聚酯薄膜镜⑤上，并将聚酯膜镜反射回来的 25% 的光透射到相机镜⑧上。因此,叶片上端面反光点和 Leaf bank 上 4 个参考反光点上反射光会进入摄像机。

聚酯薄膜镜⑤由镀铝的聚酯薄膜制成，位于辐射束流路径上，允许 X 线和电子线透过，可反射光线，将其下方叶片和 leaf bank 参考点的位置反射进摄像机。同时聚酯薄膜镜⑤作为镜面将光源位置反射到放射源位置。

　　整套光学组件模块中有几处旋钮可对光路进行调整，通过这些可调节部件可对光野和射野一致性、光垂度、摄像机镜头与光路的匹配等参数进行调整。如图 1-19 所示，在光学组件模块中，投影灯泡可纵向调整以使光野与辐射野获得很好的匹配；两个相机镜调节旋钮分别可对相机镜进行水平和垂直调节，以使光路垂直对中的进入摄像机镜头，反光点影像不失真；两个聚酯薄膜镜调节旋钮可调节聚酯薄膜镜的倾斜度和平移，通过这两个旋钮可调整光垂度、虚光源与辐射源的重合度等参数。一般经验是倾斜调节旋钮对调整虚光源 AB 方向的偏移较敏感，平移按钮对调整光源 GT 方向偏移较敏感，两个旋钮相互影响需要小心谨慎的慢慢进行统调。

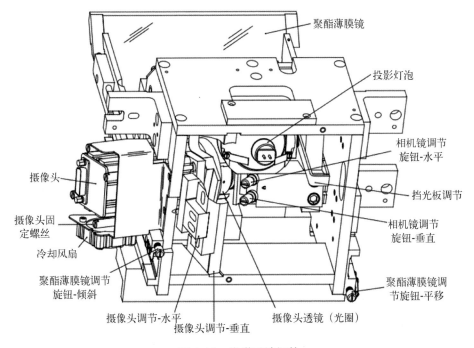

图 1-19　光学系统组件

　　摄像机采集的每个叶片反光点和参考反光点的图像信息经相机控制单元（Camera control unit，CCU）的信号处理后送入加速器控制系统（LCS）。光学模拟信号被 LCS 处理成 512×512 像素的数字信号，每个叶片和四个参考点的位置被系统侦测并且处理显示到显示器上。系统软件会识别每个叶片的当前位置是否与调入的处方相一致，若不一致系统会在显示器相应叶片的旁边显示小的红色矩形块，并驱动电机使叶片到达处方位置。叶片未能到达处方位置治疗出束将被中止。

8.机械运动系统。加速器的机架旋转、小机头旋转、四个独立光阑（X1、X2、Y1 和 Y2）的移动、治疗床的旋转和平移等都分别有各自独立的运动系统。所有这些运动都是以加速器等中心为参考原点。各运动系统的操作原理基本类似：来自手控盒（包括手控盒、操作控制盒、机头控制单元、治疗床控制盒，如图 1-20 的运动指令经过加速器控制系统（LCS）的处理，转变成控制电路上运动方向和运动速度的控制信号，进而驱动一个或多个电机带动相应部件的齿轮、蜗杆运动。编码器实时监控部件的实际位置，并将部件的位置信息通过伺服回路反馈给 LCS，LCS 根据实时的位置信息控制运动部件的启动、停止，实时调整运动速度和方向。

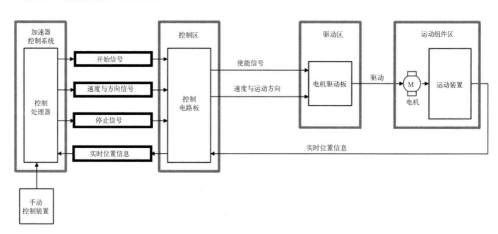

图 1-20 **机械运动系统控制原理**

每个运动系统的伺服回路均包括一对编码器为 LCS 提供主、次位置读数。提供主读数的编码器由 Coarse 和 Fine 两个电位计组成，分别提供不同分辨率的位置信息。提供次读数的编码器由 Check 电位计组成，用于检查 Coarse 和 Fine 两个电位器的完整性。每个电位计均与移动部件直接连接，从其上读取的电压与部件实际位置成比例，这些电压经数字化并通过伺服回路反馈回 LCS。

Coarse 电位器是单电刷装置，其在整个运动范围内可旋转约 10 次，线性输出 0 ~ 10V 的电压曲线。Coarse 电位器的输出使 LCS 能够确定 Fine 电位器完成了多少匝，同时预估从 Fine 电位器 A 或 B 那个电刷读取数值。

Fine 电位器有两个电刷，对向 180° 排布，如图 1-21 所示。其可以无限连续旋转，循环产生锯齿状的 0 ～ 10V 电压输出曲线，如图 1-22 所示。要覆盖部件运动范围（Coarse 电位器 0 ～ 10V）需要旋转 20 次。两个电刷其中一个始终位于不包含末端轨道的 0° ～ 180° 扇区，为获得稳定的信号，LCS 使用该电刷的输出（电位器轨道 2.5 ～ 7.5V）确定移动位置。

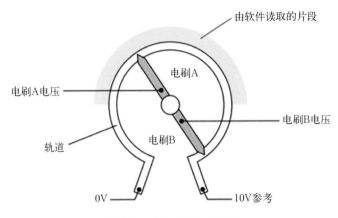

图 1-21　Fine 电位器原理

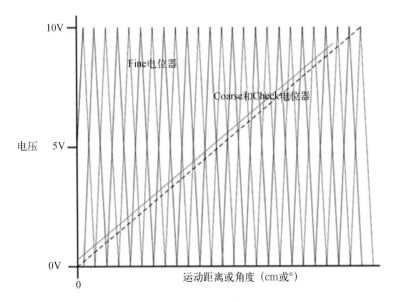

图 1-22　电位器输出电压值与部件运动距离的关系

　　Check 电位器也是单电刷装置，其在整个运动范围内可旋转 10 次，线性输出 0 ～ 10V 的电压曲线。一般情况下，Check 与 Coarse 电位器读数会略有偏移。Synergy 加速器运动系统基本采用三电位器结构确定移动部件的位置，3 个电位器输出电压值与部件运动距离的关系如图 1-22 所示。以机架旋转角度的读出为例，Coarse 电位器以约 36°/V 的分辨率给出机架角度，而 fine 电位器读数先由 Coarse 电位器的读数来确定曲线范围选择，再以 1.8°/V 的分辨率给出机架角度，因此机架读数可以显示到小数点后两位。Check 电位器的驱动结构、信号通路均独立于主读数编码器，其读数用于核验。

根据上述 Synergy 加速器运动系统位置读数原理的描述，当维修运动系统更换电位计或对运动系统开展质量控制发现读数偏差时，需要对相应的运动系统开展校准程序。其一般程序是：首先测量、设置 3 个电位器的电压值；然后利用控制软件中的"learn"学习模式计算每条曲线的斜率和截点，建立 3 个电位器的曲线之间的关系；利用控制系统软件中的"Calibration"校准程序在两个参考点间校准运动，建立输出电压与部件位置的对应关系。

9. 水冷、电介质气体和真空系统

（1）Synergy 加速器具有独立的水冷系统，通过该系统将加速器各部件中散发的热量去除，维持加速器波导系统的恒定温度。该系统是由外部（一次）水回路和内部（二次）水回路组成的二次水循环系统。内部水冷却回路是一个加压的闭环回路，由一个供水回路和多个次级子回路组成，子回路从加速器磁控管、波导、偏转、加速管、靶组件等部件收集热量带入热交换器，在热交换器中与外部水回路进行热交换。通过一个连续可调的水流控制阀控制外循环水的进水量来维持内循环水在设定的温度。内部水回路中需充入蒸馏水，回路管壁上涂有化学抑制剂苯并三唑，这些可防止微生物生长堵塞水路。至于外部水回路多采用封闭式的水制冷循环系统。

在加速器运行期间，水冷系统由测量水压、水流和水温的电路自动监控。

当水压低于 0.5bar（7.5psi），或高于 1bar（15psi）时，加速器将出现 inhibit 联锁禁止启动高压。当内循环水减少或水中含有大量气体时，会出现水压过低 inhibit 联锁提示，这时可通过手动操作位于电缆支架如图 1-23 上的两个隔离阀控制一个外部水泵向内循环系统补充水量增加压力，或利用滚筒机架上的阀门旋钮进行排气。滚筒机架上的水压力表可用来读取内循环水的压力。

内循环四个关键的次级子回路均安装有流量开关，这四个次级子回路分别是：波导注入器和磁控管；加速管相对论段的聚焦线圈；微波负载，充电变压器，脉冲变压器，磁控管磁体和微波隔离器；靶和飞行管段。当流量减小，将发出流量警告。

水温由水路中的温度感应二极管持续测量并传给 LCS。二极管的正向压降会随温度的变化而变化，根据这个压降变化信号来控制打开或关闭外部水循环回路的电动阀，以保持内循环所设定的温度。一般工作温度设定在 30℃，如果水温超过 42℃，则有一个备用超温开关断开以切断电源。

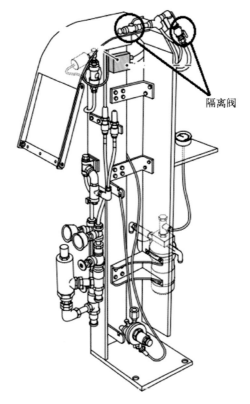

隔离阀

图 1-23　电缆支架

（2）Synergy 加速器的波导管中充有六氟化硫（SF_6）气体作为非导电介质，以提高波导击穿强度阈值，防止在波导系统的矩形截面中产生电弧。在电缆支架处放置有 SF_6 气瓶，通过管路与波导管连接。气压调节器一般将波导内气压设置在 0.8bar。当加速器启动时，气体电磁阀会打开 2min 使气瓶可自动向波导内补充气体。当压力大于 1bar 时，泄压阀打开，以防止气压调节器故障时损坏波导管。滚筒机架上有气压压力表，压力表的红色指针设置压力的最小阈值（一般为 0.7bar），当压力下降到最小阈值以下，则机器将终止辐射输出。压力表的黑指针表示波导中的气压。

（3）Synergy 加速器的加速管和电子枪需维持高真空度，以使电子枪发射的加速电子不会因与气体分子碰撞而损失或发生偏转，避免微波在加速管内放电击穿，防止电子枪阴极中毒和枪灯丝被氧化。Synergy 加速器通过分别安装在靶端和电子枪端的两个溅射离子泵来维持加速管的真空度，在不工作时真空度为 10^{-6}mbar 以下，正常运行时在 5×10^{-6} 以下。在辐射出束期间如果加速管的压力增加到 10^{-5}mbar 以上，则脉冲形成网络会中断，直到压力降下来辐射才会自动重新开始。如果加速管中的压力增加到 10^{-4}mbar 以上，则加速管、电子枪可能会受到污染或损坏，可能存在泄漏。在辐射出束期间，压力增加到 10^{-4}mbar 以上，则会立即停止辐射出束，并且中断电子枪灯丝电流，以防止灯丝由于空气中的氧气而蒸发。

溅射离子泵需要 − 7.5KV 的电源供应，在滚筒机架上有专用的供电电源。由于离子泵电源必须一直保持，因此与加速器的主电源分开由单独的一条线路向离子泵供电。离子泵的电流与真空系统中的压力成正比，因此用离子泵电源电流回路中的电阻两端的电压来持续监控真空系统的真空度。

10. 系统通信。Synergy 数字化加速器由加速器控制系统（LCS）控制处理器中的软件控制，该软件运行 RMX 操作系统并处理来自数字加速器中实时控制代码。出于系统控制目的，LCS 通过 A 和 B 两个独立的串行链路与加速器保持通信。

两条独立的串行链路在 LCS 端是一块串行链路隔离线路板，在数字加速器上，两条串行链路都经过 3 个独立的被动控制区域，它们分别是：辐射机头控制区（radiation head control area，RHCA），高压和微波控制区（HT and RF control area，HTCA）和接口柜控制区（interface cabinet control area，ICCA）。如图 1-24 所示。这 3 个控制区将来自 LCS 的命令信号和数据分发到数字加速器的其他系统，并以命令 / 响应（读 / 写）的方式将数据和其他信息返回给 LCS。

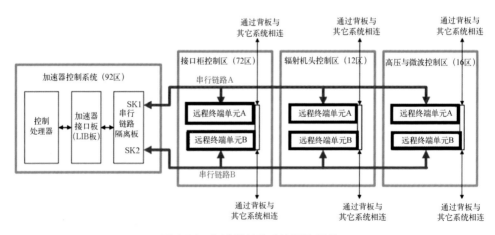

图 1-24 加速器整体系统通信原理

3 个控制区均包括一个带有背板的印刷线路板架和一组印刷线路板（PCB），并被分成 A 和 B 两个远程终端单元（remote terminal units，RTU）。每个 RTU

都具有集成电源，因此每个 RTU 都可以独立处理联锁和安全电路信号。在每个控制区内的每个 RTU 中的印刷线路板通过专用总线进行相互通信，A 侧总线与 B 侧总线是相互隔离开的。RTU 总线不在控制区域之间连接。背板提供了控制区域和数字加速器其他系统之间的互连。

综合起来看，整个加速器的系统通信可以看作是 3 个独立类型的连接：串行连接 A 和 B 将 LCS 与 3 个控制区连接；在每个 RTU 内的线路板通过总线连接；通过背板将加速器的其他系统与控制区相连。

在控制区域每个印刷线路板架上的数字输入和编码印刷线路板（digital input and encording PCB，DIE PCB）上都包含两个可编程逻辑设备（programmable logic devices，PLD），这些 PLD 的大多数输出信号控制加速器联锁系统中的继电器，如果发生不安全状态，则一个或多个 PLD 会立即响应，以中断受影响的联锁并禁用全部或部分加速器功能。另一部分 PLD 输出信号用于控制机器运动，当运动限位开关被触动时，相关 PLD 立即起作用以关闭电机驱动器停止进一步运动。由此可见 PLD 对控制系统至关重要，其监视 100 多个机器状态信号，并且响应时间为 50μs，每个 PLD 可以打开或关闭总共 48 个机器控制信号中的任何一个。因此，PLD 减轻了 LCS 控制处理器的许多需要立即响应的任务。没有 PLD，LCS 必须暂停所有其他处理以响应时间紧迫的机器事件。

此外，在 RTU 中的 PCB 还执行许多其它系统通信功能，比如：在 LCS 中的 LIB 线路板和在控制区域中的 MTU 线路板负责串行信号、并行信号、多路复用信号的转换；在 RTU 中的 AI12 线路板负责将模拟信号转换成数字信号再传输进 LCS 中；RTU 中的 AO8 和 AO12 线路板负责将 LCS 发出的具有模拟量指令的数字信号转变成实际的模拟量信号，如 AO8 将 ±127 数字值转换为电机控制系统 ±5V 的电机速度和方向的模拟信号；RTU 中的 SCC 线路板的功能是提供降噪滤波，并且对某些通道，进行额外的缓冲，钳位或偏移信号调节；RTU 中的 ROC 线路板控制加速器的继电器和接触器，监视某些开关和继电器的状态，并将此数据报告给 LCS。

11. 联锁系统。医用直线加速器会产生高压和电离辐射，并且某些部分会自动移动。为保护在机器附近的患者、临床人员、维修人员及其他人员，加速器的控制系统包括了许多联锁电路。当存在一种或多种不安全状态时，联锁系统会部分或全部禁止加速器的运行。Synergy 加速器中有三类联锁：硬件联锁（Hardware interlocks）、固件联锁（Firmware interlocks）和软件联锁（Software interlocks）。

（1）Synergy 加速器硬件联锁有五个层级：主（main）联锁、低压（LT）联锁、运动（movements）联锁、高压（high tension，HT）联锁、脉冲重复频率（Pulse

Repetition Frequency，PRF）联锁。除 PRF 联锁外，其他的硬件联锁均是通过控制在接口柜（interface cabinet）中不同的接触器（contactor）向加速器不同系统和子系统供电。硬件联锁由一系列开关（switch）和继电器（relay contact）串联而成，这些开关和继电器将 +24V 电源引入相应的接触器（contactor）。每个开关或继电器都对应一定具体的联锁触发条件（例如紧急停机按钮）。当所有联锁条件满足时，由开关和继电器组成的联锁链路保持闭合状态，使对应的接触器获得 +24V 电，接触器吸合导通。如果有不安全的联锁条件发生，则相应的开关或继电器断开，+24V 电从对应的接触器移开，接触器断开，加速器相关系统的供电也随即被断开。图 1-25 为 Synergy 加速器分布在接口柜中的接触器、联锁电路和主电源供应的示意图。

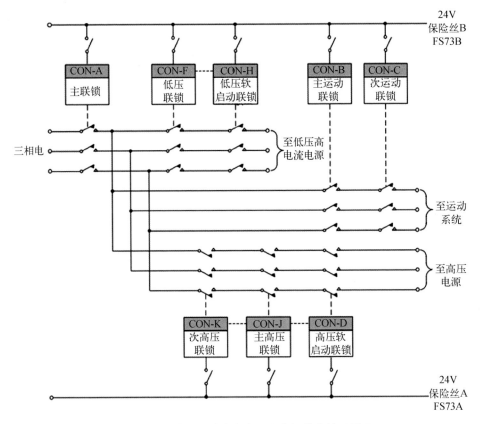

图 1-25　接触器、联锁电路及主电源供应关系原理

主（main）联锁控制主系统接触器 CON-A，将市三相电引入加速器。仅当 CON-A 通电吸合时，机器状态始终处于 SYSTEM ON。在治疗室和控制室中的急停开关（Emergency off switch），水冷系统中水压、水温等关键运行参数等都

是主联锁链路上的一部分，当它们被触发时，CON-A 断开，随即断开了加速器的三相电供应。

低压（LT）联锁控制接触器 CON-F 和 CON-H，这两个接触器与低压高电流电源（Low voltage power supply unit，LV PSU）串联在一起，LV PSU 向聚焦线圈、偏转线圈、磁控管磁场线圈提供电流。当这两个接触器和 CON-A 同时吸合时，加速器处于 CLOSED 状态。低压（LT）联锁闭合的条件是：LT 电路断路器接通，LCS 指令激活 LT 电路接触器。

运动（movements）联锁由主、次对偶电路组成。主运动联锁控制接触器 CON-B，该联锁链路上主要受手控盒上的"stop""reset motors"键和远程终端采用的全局状态信息的控制。次运动联锁控制接触器 CON-C，该联锁链路上主要是各类触碰防护"touchguards"联锁。CON-B 和 CON-C 串联在一起，将三相电引向运动系统电机的 26V 电源。如果发生不安全状况，则两个联锁接触器都可断开向运动系统的主电源。

高压（HT）联锁也由主、次对偶电路组成。主高压联锁（HT1）控制接触器 CON-J，次高压联锁（HT2）控制接触器 CON-K。CON-A、断路器开关 CB1、CON-J、CON-K、CON-D 五个开关串联在一起，均闭合时将三相电加载给高压电源（High tension powersupply unit，HTPSU）。高压联锁链路上的联锁触发条件有：治疗室与设备间的门联锁，加速管波导中的真空压力，LCS 控制软件中所有软件条件，准直器、靶移动、初级过滤器和次级过滤器的到位情况，系统连接远程终端采用的全局状态信息等。CON-D 由一个高压软启动电路（HT soft-startcircuit）控制，该电路使当 CON-J 和 CON-K 吸合后，有一个短暂的延迟，三相电逐渐全部经 CON-D 施加到 HT PSU 上。

脉冲重复频率（PRF）联锁与其他硬件联锁不同，其不作用于市电供电线路，而是当发生不安全状况时禁止产生闸流管的触发脉冲，进而停止辐射束流。当 PRF 联锁完成后，加速器将进入"RADIATION"状态。PRF 联锁也是对偶电路，A 和 B 两条线路分别串接起加速器 3 个控制区（RHCA、HTCT、ICCA）A 侧 RTUs 和 B 侧 RTUs。PRF A 联锁条件是：每个控制区 RTU A 均是正确的全局状态；LT 和 HT 接触器吸合；"Terminate"和"Interrupt"按键在正确状态；剂量通道 A 在正确状态；小机头中楔形板、过滤器和限光筒等正确设置；波导靶端真空压力在限制范围内；水冷系统工作正常。PRF B 联锁条件是：每个控制区 RTU B 均是正确的全局状态；LT 和 HT 软启动接触器在正确的状态；小机头中光阑、靶、过滤器、楔形板等正确设置；剂量通道 B 在正确状态；波导电子枪端真空压力在限制范围内；HT 电源的温度在正常范围；介电充气系统压力正常；没有发生反向二极管过载；HT2 联锁正常；PRF 已启用。

（2）固件联锁（Firmware interlocks）通过三个控制区中数字输入和编码印刷线路板（DIE PCB）上的两个可编程逻辑设备（programmable logic devices，PLD）起作用。每个 PLD 从 LCS 接收全局状态控制模式，同时回传全局状态给 LCS，LCS 监控并验证控制代码的完整性。固件联锁与硬件联锁密切配合，通常会驱动硬件联锁中的继电器。固件联锁相互间也进行机器条件比较，并与参考值进行比较，以确保所有条件都兼容。详情可见"系统通信"中有关可编程逻辑设备（programmable logic devices，PLD）中的介绍。

（3）软件联锁（Software interlocks）是通过加速器控制系统（LCS）中的软件来驱动和检查其他联锁系统。软件联锁重复硬件联锁和固件联锁的功能，相当于二重保护。软件联锁监测和控制加速器的辐射设置、剂量、性能验证（性能参数是否超过设备极限）和机器防护（各参数是否超限制阈值）。

第二篇

治疗师篇

第2章

Synergy医用直线加速器的基本概况

场地经典布局

整套 Synergy 加速器系统可分为治疗室、控制室和设备间三个区域，其经典布局如图 2-1。

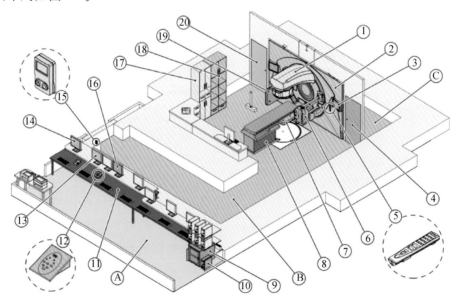

图 2-1　Synergy 加速器布局图

A. 控制室；B. 治疗室；C. 设备间。①机架臂；②设备间盖板；③治疗室显示屏；④设备间门；⑤手控盒；⑥ KV 射线源臂；⑦ iView 探测板；⑧治疗床；⑨治疗控制柜（TCC）和 UPS；⑩影像电脑；⑪控制台；⑫功能键盘；⑬控制工作站；⑭ Mosaiq 工作站；⑮ MU 值监测模块；⑯影像工作站；⑰ KV collimator-cassette 存储架；⑱电子线限光筒存储架；⑲锥形束 CT 探测板；⑳设备间门

第3章

治疗室内的操作

在治疗室内的操作主要通过手控盒、治疗床控制单元和机头控制单元三处位置的按钮来完成。

3.1 手控盒的操作

通过手控盒可以操作机架旋转、光阑旋转、治疗床运动、各种灯（激光灯、光距尺灯和房间灯）的开关、治疗室屏幕的显示页的切换、复位运动马达电路、跨越触控联锁等。典型手控盒如图3-1所示。

手控盒除了常规操作加速器运动外，还有一些如下操作技巧。

1. 按钮的运动控制功能切换。通过多功能拇指轮（T1）的功能选择按钮的切换，可使多功能拇指轮（T1）交替实现对治疗床升降、平移、进出、旋转、光阑旋转、床自动设置（Table ASU）的操作；也可使机架控制拇指轮（T2）切换到机架自动设置（Gantry

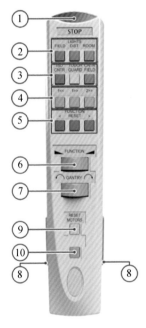

图3-1　手控盒（HCC）

①运动停止按钮；②射野（已不再使用）、光距尺、房间灯开关；③激光灯、跨越触控联锁、初始射野与30cm×30cm对中射野切换的按钮；④治疗室屏幕显示页切换按钮；⑤多功能拇指轮（T1）的功能选择按钮；⑥多功能拇指轮（T1）；⑦机架控制拇指轮（T2）；⑧使能开关；⑨马达线路复位按钮；⑩按钮（无作用）

ASU）功能。

2. 触碰连锁解除。在触碰联锁被触发所有运动失效（如机架压住病人等）的情况下，可通过同时按压使能开关和激光灯、触控联锁跨越（Touch Guard）、初始射野与 30cm×30cm 对中射野切换的按钮来临时恢复各项远动动力供应以排除触碰联锁。

3. 治疗室屏幕切换。治疗室屏幕显示页切换按钮可使屏幕在机架/治疗床参数（Gantry/Table）、附件参数（Accessories）、束流参数（Radiation）等页面间切换，用于帮助治疗师检查病人信息、病人处方设置值（Set）与机器当前实际值（Actual）、机器状态、机器最高级别的禁止故障信息、机器联锁状态、拇指轮（T1&T2）功能选择等信息，如图 3-2 所示。

4. Synergy 加速器还配有两个影像板手控盒，分别用于控制 iView 和 XVI 影像板开合、位置选择等功能。

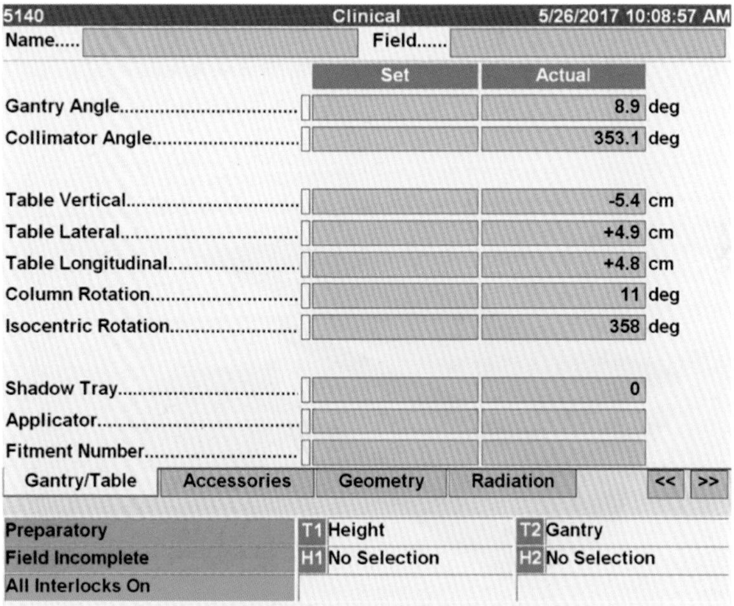

5140		Clinical	5/26/2017 10:08:57 AM
Name.....		Field......	
	Set	Actual	
Gantry Angle...............		8.9 deg	
Collimator Angle...........		353.1 deg	
Table Vertical.............		-5.4 cm	
Table Lateral.............		+4.9 cm	
Table Longitudinal........		+4.8 cm	
Column Rotation..........		11 deg	
Isocentric Rotation.......		358 deg	
Shadow Tray..............		0	
Applicator...............			
Fitment Number..........			

Gantry/Table | Accessories | Geometry | Radiation | << | >>

Preparatory — T1 Height — T2 Gantry
Field Incomplete — H1 No Selection — H2 No Selection
All Interlocks On

图 3-2 治疗室屏幕显示

3.2 治疗机头控制单元

治疗机头分立了四个控制单元用于控制光阑旋转和铅门的开合，黑色功能切换按钮用于切换铅门对称运动或控制独立运动，如图 3-3 所示。在三维适形调强治疗时代，已基本对此控制单位鲜有使用。

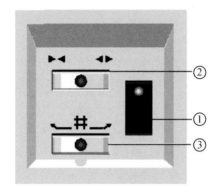

图 3-3   **机头控制单元**
①铅门对称运动或独立运动控制切换键 ；②铅门开合运动控制拨轮 ；③光阑旋转控制拨轮

3.3   治疗床控制单元

Synergy 加速器标配 Precise 型治疗床，如图 3-4 所示。

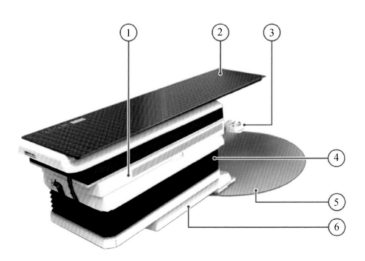

图 3-4   **标配 Precise 型治疗床**
① X-Y 运动方向托架；②治疗床床面（有多种类型可选）；③治疗床手控盒；④ Z 运动方向（床升降）机械装置 ；⑤等中心旋转盘 ；⑥治疗床地质

治疗床可通过位于床两侧的控制盒可完成升降、平移、旋转等操作，如图 3-5 所示。

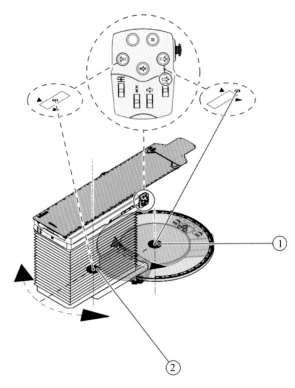

图 3-5　**治疗床的控制**
①治疗床等中心旋转；②床体旋转

1. 治疗床手控盒　治疗床手控盒上的 4 个拇指轮，按住控制盒背面的使能开关时滚动拇指轮，可分别控制治疗床的升降、进出、左右平移和等中心旋转的方向和速度。除床的升降运动不能手动操作外，其他床体运动在释放相应制动闸的条件下，均可实现手动操作。手动操作为治疗师摆位提供了快捷的方式，但需注意不要用力过猛。控制盒上有 3 个制动闸的释放按钮，分别控制床体平移、等中心旋转、床体旋转运动制动闸的释放与吸合。侧面的红色停止按钮在紧急情况下按下可立刻阻止所有的马达运动并锁定位置，旋转释放该按钮又可重新恢复马达状态。

2. 掉电状态下的应急操作　治疗床配有不间断电源，在设备掉电情况下，在 5min 左右的时间内允许紧急降床操作，该操作需按住治疗床控制盒背面的使能开关。

3. 治疗床的床面　医科达加速器有 3 种治疗床面，分别是 iBEAM® evoCouchtop（Precise 型治疗床标配）、HexaPOD™evo RT Couchtop（六维床配置）、Connexion™。摆位时应特别注意床面延长板衔接处的标识，避免将病人治疗区域摆放至该区域，因为这部分区域含有金属配件，加大了穿过此处后斜野的吸收。同时无论何种床面，对后斜入射野都有 2% ～ 9% 的衰减（随机架角度而变），而很多计划系统剂量计算时并未将治疗床面考虑进去，这将使靶区剂量被高估。对靶区剂量响应梯度小的肿瘤应引起足够重视，建议在计划制订中设法考虑治疗床面对吸收剂量的影响。

第4章

控制室内的操作

在加速器控制室主要通过治疗控制柜（treatment control cabinet，TCC）、肿瘤放疗信息系统 Mosaiq、iView 影像工作站、XVI 影像工作站来完成对 Synergy 加速器的操作。

4.1　Synergy 治疗控制柜

Synergy 治疗控制柜如图 4-1 所示。

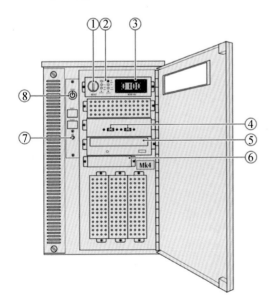

图 4-1　治疗控制柜
①复位钥匙开关；②状态指示灯；③射野 MU 值显示屏；④ USB 接口；⑤ DVD 光驱；⑥空置位置；⑦硬盘指示灯；⑧电源开关

复位钥匙开关：加速器出现故障后，经常需要操作复位钥匙以重置系统，排除故障。例如，加速器状态降为"Closed"时，通过旋拧复位钥匙90°数秒后再释放，可使状态恢复至"Preparatory"状态。当故障阻止信息出现"Reset Required"提示时，也需要操作复位钥匙以消除故障。

射野 MU 值显示屏：控制柜上的液晶显示屏用于显示最后射野执行的 MU 值。当某些原因造成治疗中断，而软件未能记录未完成射野时，务必通过此液晶显示屏显示数值手动记录已执行的 MU 值，以方便机器恢复后给病人准确的补量。该显示屏配有一块电池可至少维持显示 20min 以上。

4.2　Synergy 加速器治疗控制软件系统

目前 Synergy 加速器的治疗控制软件系统（treatment control software system，TCS）是 Integrity™，其由早先的 Desktop pro 发展而来，后者基本延续了前者的操作界面的样式和风格。通过该软件界面可实现所有的临床功能。该软件系统有临床模式（Clinical）和维护模式（Service）两个用户界面，临床模式界面如图 4-2 所示。

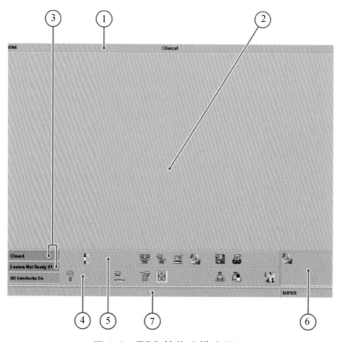

图 4-2　TCS 的临床模式界面

①标题栏；②主要区域；③机器状态指示栏；④主功能工具栏；⑤次级功能工具栏；⑥系统状态指示器；⑦指南和信息栏

4.2.1　机器状态指示栏

界面左下方的机器状态指示栏有 3 个状态指示器，从上至下分别显示加速器的状态（Linac State）、最高级别的加速器被限制运行的项目名称（Top Level Inhibit）和加速器的联锁状态（Interlock Group）。鼠标双击中间的最高级别的加速器被限制运行的项目名称（Top Level Inhibit）指示栏，将弹出排在前 12 位的加速器被限制运行的相关条目的信息窗（View Restrictions），通过该信息窗的下拉菜单可选择查看限制（Inhibit）、暂停（Suspends）、中断（Interrupts）和终止（Terminates）相关的信息条目。

加速器的状态指示信息及其背景色如表 4-1 所示。

表 4-1　加速器状态指示器信息及描述

加速器状态指示器	描述
Not Initialized（未初始化）	软件未打开，未向数字化加速器供电
Initializing（正在初始化）	软件已打开
Initialized（已初始化）	软件已打开，未向数字化加速器供电
System On（系统开启）	仅主电源向数字化加速器供电。例如，当按下了紧急停止按钮时
Closed（关闭状态）	已向数字化加速器供电，但不能进行任何运动
Preparatory（预置）	可以进行运动
Ready to Start（准备好）	可以按下操作控制盒（FKP）上的 <MV Start> 键启动出束
Radiation On（辐射出束）	正在出束
Intersegment（子野间）	某个机器参数在子野之间更改。例如，Wedge In（楔形进）更改为 Wedge Out（楔形出）、MLC 子野切换等
Pause（暂停）	束流临时暂停状态，例如，混合能量射野的子野间能量转换
Interrupted（已中断）	已按下 <MV Interrupt> 束流中断键
Move only（仅移动）	出现仅移动子野。进行了移动，但不出束
Interrupt ready（中断就绪）	按下 <MV Interrupt> 束流中断键后，已做好实施治疗的准备
Terminated Checking（已终止并进行检查）	系统检查造成射束中断的原因
Terminated OK（已正常终止）	正常终止代码是 501

续表

加速器状态指示器	描述
Abnormal termination（异 常 终止）	异常终止代码将显示在 "Field Termination"（射野终止）信息框中 可通过复位开关尝试恢复加速器状态
Terminated Fault(因故障终止)	加速器因发生故障而停机。故障具体原因可在被限制运行的相关条目的（View Restrictions）信息框的下拉菜单中选择 "终止"（Terminations）进行查看

4.2.2　主功能工具栏与次级功能工具栏

临床界面的主功能工具栏显示了所有可用的主要功能的命令按钮，子功能工具栏显示所选主功能按钮所对应的所有可用次级功能的命令按钮。

主功能工具栏从左至右的功能按钮依次为：![icon]（帮助、标准治疗）、![icon]（模式）、![icon]（接受外部处方治疗模式）、![icon]（系统管理）、![icon]（更改个人密码）、![icon]（更改用户）、![icon]（注销）。治疗师主要使用标准治疗模式和接受外部处方治疗模式两个功能。

1. 标准治疗模式（Standard Therapy） 治疗参数由手动输入，而不来自外部的处方记录验证（Record and Verify，R&V）系统。由于无法使用 MLC 射野，无法为病人在处方记录验证系统里留存电子治疗记录，因此该模式已很少在临床治疗中使用，其界面如图 4-3 所示。

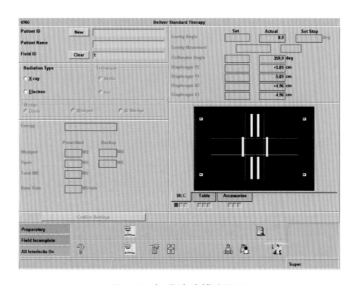

图 4-3　标准治疗模式界面

执行标准治疗模式时，依次输入病人 ID、姓名、射野 ID、辐射类型（X-ray 或 Electron）、照射技术（静态 static 或弧形 Arc）、楔形配置、能量、MU 值、几何参数 [机架角度(Gantry)、准直器角度(Collimator)、光阑位置(Diaphragm)]、附件设置等。确保所有用蓝色小叉标记的必填框都填写完毕。当机器各项参数运行到容差范围内后即可点击确认设置（Confirm Settings）按钮使机器进入 Ready to Start 状态。

这里需要注意以下几点。

（1）光阑位置的输入有两种方式，一是独立铅门分别设置（Y2、Y1、X2、X1），二是设置射野大小及射野偏射束中心的 offset（X、Y、X offset、Y offset）。两种方式可通过系统管理功能进行设置选择。

（2）MLC 页面显示的是 MLC 和光阑的实时位置，但该影像不会随准直器旋转而旋转。

（3）X 线的影子盘（Shadow Tray），无影子盘填数字 0。医科达公司配的丙烯酸材质的影子盘侧边已开有 7 个螺丝孔，均附有塑料材质的螺丝将螺丝孔填平。通过这 7 个孔及对应托盘上的编码开关共可形成 1 ～ 127 个任意数量代码，这些代码用以标识不同的影子盘。由于 MLC 在临床上的广泛使用，影子盘在临床上已很少使用，因此很多单位现在使用时多固定使用一个代码，如取掉影子盘上第一个螺丝，则该影子盘代码为 1。

（4）电子线限光筒的挡铅，对应限光筒底部插入挡铅处一侧有 4 个按压开关。通过这 4 个开关可形成 1 ～ 14 个任意数量代码，这些代码用以标识不同的挡铅。国内配的大多数电子线模具一般在第一个按压开关处形成一个凹孔，对应挡铅代码(Fitment Number)1。大多数的放疗单位不会利用此功能来区分电子线挡铅，而是全部挡铅都在统一的位置开孔，共用一个代码。

2. 接受外部处方治疗模式（Receive External Presciption） 适形调强放疗时代基本使用此功能完成治疗。该模式由外部处方记录验证系统（R&V）将一组射野治疗参数通过医科达的 iCom 协议依次传递到 TCS 上执行。医科达公司加速器常规配置 Mosaiq 网络作为加速器的处方记录验证系统。

iCom 是 R&V 系统用于将射野参数发送至数字化加速器并监控其状态的通信协议。其中，iCom-Fx 用于 R&V 将选定病人处方的治疗野参数发送至 TCS(即 Integrity 系统)。iCom-Vx 用于 R&V 监控 TCS 中当前设置值（set）与实际值(Actual)。当 R&V 系统发生断电或其他情况触发外部限制（External Inhibit）联锁时，则 TCS 使照射中断或异常终止。当出束过程中 R&V 系统发生网络连接故障，投照将继续，直至当前射野正常终止。

在接受外部处方治疗模式下，治疗师在 TCS 界面上的操作很少，主要通过监视射野投照（Monitor Field Delivery，MFD）窗口页面来监控治疗的执行，如图 4-4 所示。治疗师的多数软件操作是在相应的处方记录验证系统上完成的，医科达加速器常配的 R&V 是 Mosaiq 系统。

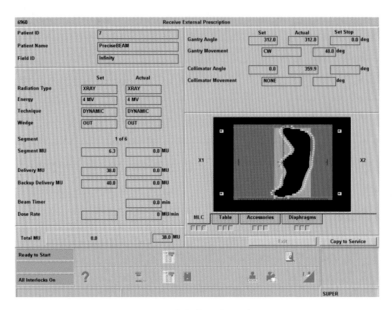

图 4-4　监视射野投照窗口

页面中 Copy to Service 按键用于将当前处方射野从临床模式下拷贝到维修模式下的投照存储射野（Deliver Stored Beam）数据库中，以用于非临床治疗的质控测量或维修检查

4.2.3　系统管理功能

通过系统管理功能 圈 的次级功能可完成管理用户账号、分配账号权限、设置定制系统、设置某一执行任务的权限级别、配置临床模式下的显示页面、配置误差允许表、设置配置加速器（包括加速器 ID、机械参数范围、能量名等）。建议由科室的物理师或维修工程师来担任系统管理员，只有管理员账号可以操作该功能。

容差表：是系统检查比较实际值与处方设置值之间的差异，当差异大于容差表中的设置值时，系统将阻止加速器进入准备出束状态（Ready to Start）。

外部连接的 Mosaiq 系统内也配置有容差表，该容差表仅用于检查比较射野首个子野实际值与处方设置值之间的差异是否在允许范围，Mosaiq 的容差表不会传递给治疗控制系统（TCS）。TCS 内置的容差表默认有 4 个，分别为 X-ray、Electron、Service 1、iCom。TCS 上获取 Mosaiq 传来的处方，在出束（Radiation on）状态下，所有子野的检查比较均调用 TCS 内置的 iCom 容差表。当切换到下一个子野机器参数超出 iCom 容差值时，TCS 将暂停出束，最长可达 25s，若还不能符合容差范围，则终止出束。

4.2.4 系统状态指示器

系统状态指示器以图标形式显示系统部件状态。鼠标双击该区域，将弹出查看错误（View Errors）信息框，显示控制系统发生的事件或错误。常见的系统状态指示图标含义如表 4-2 所示。

表 4-2　系统状态指示图标及含义

图标	描述	图标	描述
	没有 UPS 电源或 UPS 设备通讯断开	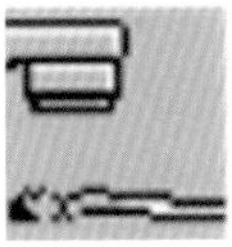	控制系统连接断开
	闸流管预热计时器状态及倒计时时间		磁控管预热计时器状态及倒计时时间
	iCom-Fx 连接故障	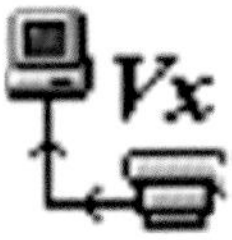	iCom-Vx 连接故障
	IntelliMax 连接		远程监控故障（选配功能）
	加速器记录打印机 / 文件不可用		虚拟内存不足

4.2.5 页面状态指示符

页面状态指示符位于相关选项卡的下方，用三种颜色显示所选页面的状态。"红色"代表页面数据字段中有超出容差项，"蓝色"代表某个必填数据字段缺失或值无效，"白色"代表一个或多个页面数据字段在当前会话期间发生变化，如图 4-5 所示。

图 4-5　页面状态指示器

4.3　处方记录验证系统——Mosaiq 网络信息系统

Mosaiq 网络信息系统是由国外一家公司开发的一套肿瘤放疗信息管理系统，后被医科达公司收购。由于与国内的医疗习惯不太相符，所以国内很多临床单位主要使用其作为处方记录验证系统，而流程管控等信息系统功能则需要通过第三方软件来实现，如医科达中国区成立的软件部门开发的 Mosaiq Integrated Platform（MIP），MIP 即为配合 Mosaiq 使用的放疗流程信息管理系统软件。Mosaiq 系统还有一些选件功能，如计划的存储评估、各类影像资料集中存储管理、2D/3D 影像摆位验证等，也是临床比较有用的功能。

Mosaiq 是 TPS 与加速器的一个连接桥梁，通过 Mosaiq 可以记录病人在整个治疗过程中的进程。同时，它也可作为科室工作流管理的工具和放疗各类电子数据的数据库。若要充分发挥 Mosaiq 的功能，需要放疗团队多个角色间的相互配合，表 4-3 列出了"基础版"Mosaiq 的任务分工建议。所谓"基础版"是指没有购买计划存储评估、各类影像资料集中存储管理、2D/3D 影像摆位验证等选配功能模块的 Mosaiq 系统。

表 4-3　Mosaiq 网络分工

角色	工作范畴
护士（服务台）	病人登记（包括病人信息输入、照片关联、条形码打印等）
医师	录入病人诊断与分期、输入诊疗方案、开具放疗处方、放疗处方审核
物理师	计划导入、射野编辑、射野审批、编辑 EPID 和 XVI 射野、编辑剂量追踪、治疗排程
治疗师	预约排程、临床治疗、治疗日程调整、打印报告
系统管理员	科室设置、员工注册和权限定制、信息栏定制、删除病人、系统备份

治疗师需要对 Mosaiq 系统的操作如下。

4.3.1　根据加速器的病人治疗排班情况，对首次治疗的病人进行预约排程

预约排程以治疗室为单位，安排病人的治疗实施时间，以使病人能够在报

到叫号机上报到（若安装有叫号系统）。具体操作如图 4-6 所示。

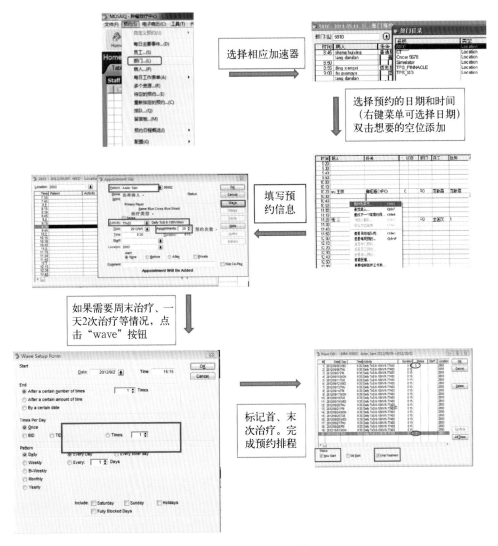

图 4-6　病人首次治疗预约排程的操作步骤

更改或删除预约均可通过预约窗口的相应按钮来操作完成。由于 Mosaiq 系统对放疗流程的设计不太符合国内各单位的具体情况，因此国内很少有单位利用 Mosaiq 系统自身的预约系统来完成所有放疗流程节点的预约，而需要通过自定制的第三方放疗信息系统，如医科达自己的 MIP 等，来完成放疗工作流中各节点的预约。上述操作主要是为了实现排队叫号功能。

4.3.2　执行治疗

通过扫描病人二维条码选择相应的病人，点击治疗实施菜单打开该病人的治疗信息窗口，如图 4-7 所示。选择当天的计划进行治疗。

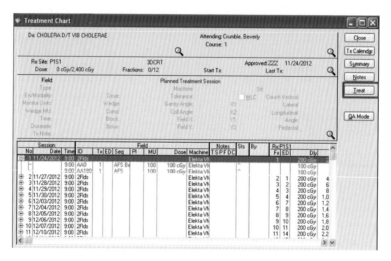

图 4-7　治疗信息窗口

治疗信息窗口界面上需要注意以下几点说明。

1.此界面中黑色表示已照射的野；绿色表示今天可照射的野；蓝色表示计划但还未照射的野；红色表示处方剂量与分次剂量不符。

2.在 Field（射野）字段下，Tx 显示治疗野执行被记录的次数、以 QA 模式执行。ED 显示距该射野第一次治疗过去的天数。Seq 显示射野是自动序列执行（AFS）还是手动序列执行（MFS），MFS 模式射野执行完后必须手动操作记录治疗对话框，才能继续执行下一个射野。PI 显示此次治疗中已拍或将要照射的野的影像片的数量。如果展开此次治疗，相对应的射野行会显示验证片射野的 MU 值，若没有执行会显示拍摄该射野片的类型 [如治疗前（pre），治疗中（during），治疗后（post），仅拍片（only）等]。若验证片射野设置为对剂量追踪点有贡献，则以括号内 MU 值的形式出现在 PI 栏。Dose 显示执行完该射野对剂量追踪点的共享。

3.在 Notes（注释）字段下，6 个字母分别代表在不同位置有相应的注释可供查看。当相应的治疗分次或射野处有这些字母出现时，点击 Notes（注释）按钮即可查看相关注释（注释可能来自医师、物理师等人员）。表 4-4 列出该 6 个字母所对应的含义。

表 4-4　Notes（注释）字段下的 6 个字母对应的含义

字母	含义
T	已执行的摆位或治疗的注释
S	射野定义或设置摆位验证界面时注释
P	处方位置处的注释
F	特定分次的注释
D	剂量追踪点处的注释
C	治疗排程处的注释

4. 在 Sts（状态）字段下通过一些符号来标记治疗状态。常见的符号及含义见表 4-5。

表 4-5　Sts（状态）字段下各种符号代表的含义

符号	含义
m	治疗或摆位设置被手动记录
H	有隐藏的射野
P	治疗计划或射野未执行完，仅执行了部分
^	射野首次治疗、射野修改后首次治疗、治疗处方改变后首次治疗、摆位验证界面更新
*	有跨越操作被记录
+	射野包含有影像验证片数据、摆位验证数据、多次治疗数据等

5. 在 By（操作者）字段显示当次治疗的执行者姓名。系统一般记录当次治疗时登录 Mosaiq 的用户名，若要让系统记录第二位治疗师，可在点击治疗(Treat)按钮后在弹出的窗口鼠标右键选择第二技师登录选项。

4.3.3　抓取治疗床值

首次摆位验证通过后抓取床值是开展后续治疗质量保证的一个很好的方法。抓取床值后续治疗均要求在该治疗床坐标下执行，有利于保持前后治疗一致、区分多靶点、区分多段治疗计划等。此功能适用于头颈肩板、体架等病人体位固定装置通过治疗床卡条（定位条）与治疗床面相对位置固定的条件。若单使用真空垫等固定装置无法与治疗床面相对位置固定则难以开展抓取治疗床值进行治疗床位置校验的功能。若要取消此功能，可通过 Mosaiq 的配置界面取消治疗床位置验证功能，也可通过改大治疗床位置容差表数值的方式实现。图 4-8 为 Mosaiq 抓取治疗床的操作界面。

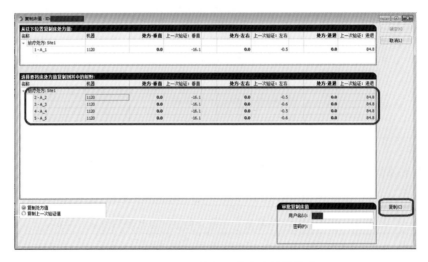

图 4-8　Mosaiq 系统抓取治疗床的操作界面

4.3.4　摆位验证页面

如果处方设置时要求治疗师对摆位进行验证，则在选择射野治疗时会弹出摆位验证对话框。摆位验证页面中的内容可分配给定位技师和物理师来分别输入完善。通过此对话框治疗师可查看和核对病人的大头照、定位照片、固定装置等信息，如图 4-9 所示。

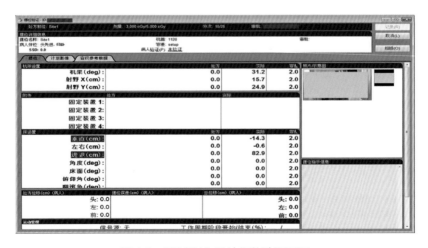

图 4-9　MOSAIQ 系统摆位验证页面

各项参数确认通过后，点击"病人验证：未验证"，弹出图 4-10 所示的审批界面，输入治疗师的用户名和密码，即代表摆位验证通过，可以点击"全部查看"或需要几位治疗师确认才算摆位通过。

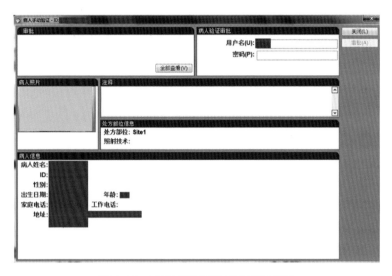

图 4-10　MOSAIQ 系统病人审批界面

4.3.5　超越

调用处方治疗有时会遇到实际治疗参数与处方参数不符的情况。例如，电子线治疗时，常会由于病人体表轮廓的限制或根据体表标记的射野轮廓线等因素而转动一些光阑角度，而造成与处方的光阑角度不匹配的情况。这就需要用到"超越"（Override）功能。

另外，首次治疗抓取床值前、执行调强剂量验证等情况下也可能用到"超越"功能。其操作如图 4-11 所示。

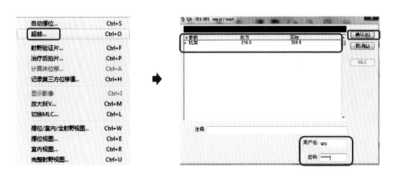

图 4-11　"超越"操作流程图

右键点击"超越",空格键选择超越参数,输入用户名和密码,点击"确认"。超越参数在治疗界面变为黄色显示。超越权限能够修改处方,具有一定的安全隐患,建议科室将该权限仅分配给高年资的治疗师或物理师。

4.3.6 统计报表打印

Mosaiq 系统中配有丰富的治疗报告、数据统计报表的打印功能,可以打印病人的治疗记录、处方记录、预约排程记录、QA 记录,也可以按病种、性别、治疗技术、主管医师等字段生成工作量统计报表打印。在 Mosaiq 投入临床使用前,一个科室提前制订本科室病人信息录入的规则,各类报告、资料打印归档制度,可为以后的数据统计打下坚实的基础。在只有"基础版"Mosaiq 的条件下,虽然 Mosaiq 中部分能够统计并生成报表的字段信息不太符合国内的医疗习惯,但科室可以灵活变通制订本科室的病人信息录入规则,科室内部约定一些统计字段的实际含义,这样既可以方便以后的统计工作,也健全了科室的病人信息录入。例如,可将字段"转诊机构"内部约定为病人所在的"病区";在"诊断组"中添加符合科室命名习惯的病种名称;将字段"保险支付机构"内部约定为计划物理师等。这样通过"打印报表…"菜单中打印"病人列表"可以筛选统计一段时间内各病区放疗的病人、不同病种的放疗病人数量、物理师的计划工作量等信息。

4.4 操作控制盒

治疗控制室内的操作控制盒(FKP)是加速器各机械运动、束流出束的触发执行控制端。Synergy 机型的典型配置如图 4-12 所示。

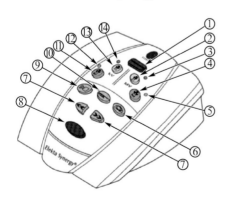

图 4-12 **操作控制盒**
①辐射和运动终止按钮;② MV 中断;③ MV 辐射开 LED 指示灯;④ MV 束流启动按钮;⑤ MV 辐射关 LED 指示灯;⑥机架和准直器自动摆位;⑦更改页面;⑧使能按钮;⑨ MV 探测板移动;⑩床自动摆位;⑪ KV 开启;⑫ KV 辐关 LED 指示灯射;⑬ KV 中断;⑭ KV 辐射开 LED 指示灯

对于此操作控制盒注意事项如下。

1. KV 开启和 KV 中断按键控制着 XVI 球管的千伏 X 线出束。Synergy 机型只有当 XVI 软件为 4.5 或更高版本时才起作用。低于 4.5 版本则需使用脚踏开关提供 KV 辐射。

2. 同时按下使能按钮和 MV 探测板移动键，可使 MV 探测板（EPID）回缩。在拍完射野验证片后，开始正式治疗前，收回探测板有利于保护 MV 探测板，从而延长 MV 探测板使用寿命，同时也可避免病人接受到更多的辐射。

3. 治疗床远程自动调节（remote automatic table movement，RATM）。当 XVI 图像引导完成在线配准产生治疗床修正值后，在 Integrity 系统中修正值将取代当前从 R&V 系统加载的数据，这时同时按下使能按钮和床自动摆位键即可远程进行治疗床自动位置校正。但如果治疗床在（X、Y、Z）任一平移轴上修正值大于 2cm，则需要治疗师进入治疗室操作手控盒（HHC）来完成床位置自动修正。偶尔也会出现 XVI 产生的治疗床修正值无法发送至 Integrity 端的情况，这时也需要治疗师记录床修正值然后进入治疗室通过治疗床手控盒来手动修正治疗床位置。

◆ 如果使用 RATM 设置治疗部位射野，可能有必要在 R&V 系统中调整此治疗部位的预置床值，如果执行此调整，一定需注意对该治疗部位的所有射野做出相同的床值更改。

4. 自动摆位（automatic setup，ASU）。可将机架、准直器或治疗床等中心旋转移动至射野处方中指定的位置。可以将 ASU 功能配置为从操作控制盒（FKP）和（或）手控盒（HHC）上进行操作。也可以配置治疗室门打开时 FKP 上无法执行 ASU。医科达数字加速器每个 ASU 运动都会应用减速，一般从设定的旋转停止角度前的 5°，或直线运动停止位置前 25mm 开始减速至标称最大速度的 50%。ASU 不控制限光筒的铅门跟随和 MLC 的运动，它们由自动跟踪功能移动至预置位置，即无须通过 FKP 或 HHC 来操作。

◆ 在执行 ASU 时，治疗师应始终观察机架和治疗床的运动，以免发生碰撞。

◆ 一般在执行固定机架角度的三维适形调强（非旋转调强 VMAT）时，执行完一个射野，需重新按下使能按钮和机架和准直器自动摆位键启动 ASU 转移至下一个射野。Mosaiq 系统可设置开放 AFS 功能：在使用 ASU 完成第一个射野治疗后，同一个部位的其他射野执行无须再按下使能按钮和机架和准直器自动摆位键启动 ASU，而是类似于旋转治疗，其他射野依次自动执行。一个科室可根据自身情况考虑是否启用此功能。

5. 治疗终止或中断。当遇到紧急情况需要终止辐射和所有机器运动时，可按下 FKP 上的辐射和运动终止按钮，也可是分布在墙面上的急停按钮。除此情况的射野异常终止外，下列情况也会引发射野的异常终止：如机器参数（如束流均整度）在治疗过程中超出容差、治疗参数不匹配、外接设备（如 R&V 系统）触发设备的外部阻止（External Inhibit）等。当发生异常终止时，治疗师应查看 MU 值显示并记录相关值，检查 R&V 系统是否正确记录未完成野。

◆ 射野异常终止后，一般可通过释放急停按钮，进入治疗室确认病人安全后，按下手控盒上的 Reset Motors，然后将 TCC 上的 Reset 复位钥匙顺时针旋转 1/4 圈，复位系统继续治疗。

◆ 按下 FKP 上的 MV 中断键，机器将暂停出束。再次按下 MV 束流启动按钮又会恢复出束治疗。

第5章

电子射野影像验证系统

电子射野影像验证系统（electronic portal imaging device，EPID）医科达公司称之为 iViewGT 系统。其在临床治疗中用于验证病人的摆位精度、射野或挡铅的位置；在质量保证方面，配合相应的软件可以开展调强剂量验证、MLC 和铅门到位精度检查、锥形束 CT 与 MV 治疗束中心重合精度检查等 QA 工作。

5.1　iViewGT 系统的硬件操作

治疗师在治疗室内通过 iViewGT 手控盒（HHC）来操作 iView 影像探测板的开合。同时按住使能开关和打开按钮 $\nearrow$ 后，影像板可自动打开并移动到等中心位置。iViewGT 影像板的物理探测面积为 40cm×40cm，距源 150cm，因此其能够探测到等中心位置处的射野面积约为 26cm×26cm。在有效探测面积外分布着电子器件，当射野照射到这些区域时，将会出现类似如图 5-1 的警告窗口（依据损伤程度的不同，系统将分三个级别警告）。

周围的电子器件对辐射很敏感，多次照射容易使 iViewGT 系统损坏。治疗师操作时应注意照射野是否落在 iView 影像探测板有效探测范围内。这个有效区域在影像板的触碰保护外壳上也有标记出来。影像板还可通过手控盒上的操控按钮向前后、左右各方向偏中心移动 11.5cm，这样可以覆盖探测40cm×40cm 射野范围。例如，乳腺切线野双曝光拍摄时，可能需要将影像板向左或右一侧移动一定距离，使开野不照射到周边电子器件。在一些版本的治疗控制软件系统（TCS）中有一个 "MV Pannel" 页面可以自动检测射野是否照射到了 iView 影像探测板有效探测范围外，并产生阻止连锁信号。只有通过移动探测板或使用超越"Override"，才能使加速器继续辐照。

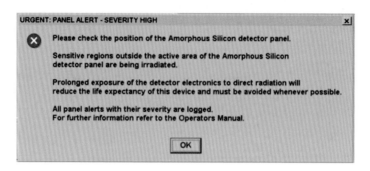

图 5-1　**有效探测面积外区域受到照射时弹出的警告信息**

在探测板机座两侧有两个点亮的圆形按钮，这是探测板运动的闸释放按钮。平时点亮状态下，只允许通过手控盒操作探测板运动。当按灭该按钮时，允许手动纵向移动探测板。有时会碰到该按钮不断闪烁的情况，这表明探测板没有到达正确的位置，这时可通过手动纵向推 / 拉探测板的方法消除按钮灯的闪烁。

5.2　iViewGT 系统的软件操作

治疗师在控制室内通过 iViewGT 系统的操作软件来完成各项操作，其操作界面如图 5-2 所示。

iViewGT 系统的数据库结构

iViewGT 系统的数据库结构是围绕病人建立的。病人的信息一般通过 DICOM 网络由 TPS 导入，也可通过 iCom-Vx 从外部系统（如加速器 Integrity™ 系统）中获取病人信息，也可手动录入。病人的数据结构分为四级：病人（Patient）＞治疗（Treatment）＞射野（Field）＞图像（Image）。这四个层级所对应的操作如下。

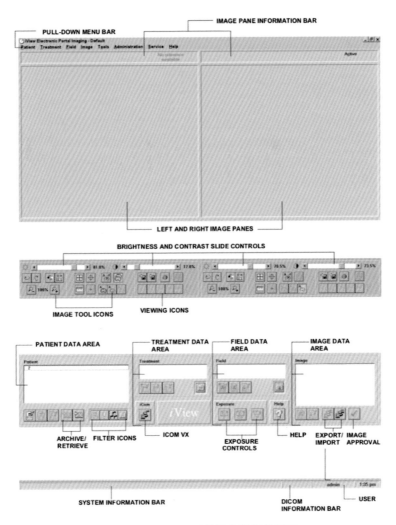

图 5-2　iViewGT 系统的软件操作界面

1. 第一层级"病人"（Patient）

在这个层级下方的若干快捷按钮可实现创建 [图标]、编辑 [图标]、删除 [图标]、归档 / 恢复病例 [图标][图标]。病例过滤查找功能：仅显示登录医师管辖病人 [图标]、仅显示需要复核的病人 [图标]、显示所有工作站数据库中的病人 [图标]，显示不激活的病人 [图标]。

病人的详细信息窗口如图 5-3 所示。

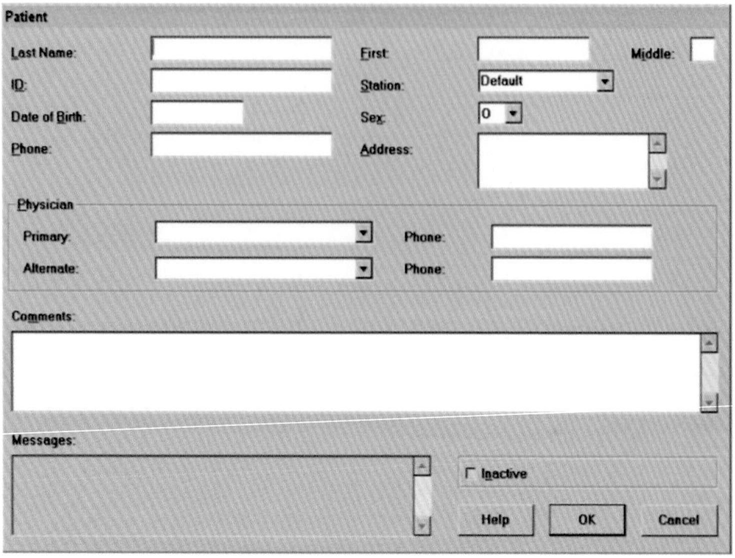

图 5-3　病人的详细信息窗口

其中 ID 是必须填写且病人的唯一识别符，建议和医院的病人 ID 系统一致。一个科室的治疗师最好形成及时将治疗完成的病人标记为"不激活"（Inactive）状态的习惯，因为病人列表默认只显示"激活"（Active）病人，随着病人量的增多，这个习惯使病人列表仅显示少量"激活"病人，便于查找。要显示"不激活"的病人则须点击▨，"不激活"的病人姓名前会标记有"I"字母。

病人列表只显示病人姓名、ID 号、性别（Male、Female、Other），并按姓名的首字母排序。可通过键盘点击相应字母键快速定位到以该字母为名字首字母的一组病人。性别显示"O"一般是通过 DICOM 传过来的数据默认值。

如果在"Physician"栏选择相应的医师账号，则以该医师账号登录，点击仅显示登录医师管辖病人键▨，则可进一步缩小病人的查找范围。

每个单位可根据自身科室的规模、设备的配置和工作流的安排来选择 iView 系统的网络架构，主要有四种模式：单台医科达加速器时采用单数据库工作站模式、多台加速器时可选择多数据库模式、多工作站单数据库模式和中央数据库模式，如图 5-4 所示。

病人信息窗口中的"Station"栏即为标识在多工作站网络模式下此病人归属哪台工作站（加速器）。▨键则用来在一台工作站上显示所有工作站病人信息列表。如果在 iView 上还没有建立病人信息，而又需要同步加速器控制系统当前调用的病人信息时，可使用 iCom 键▨将加速器控制系统当前调用的病人信息自动抓取导入进 iView 系统。

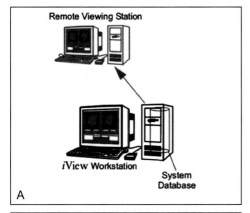
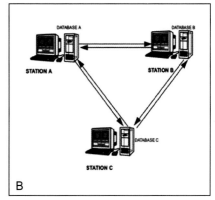
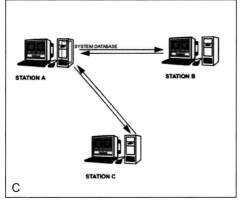
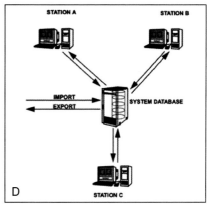

图 5-4　iView 系统的网络架构的四种模式

A. 单数据库工作站模式；B. 多工作站、多数据库模式；C. 单数据库、多工作站模式；D. 中央数据库模式

2. 第二层级"治疗"（Treatment）　这个层级相对应于一个治疗部位或阶段，可实现创建 ![]、编辑 ![]、删除 ![]、显示不激活的治疗 ![]。"治疗"（Treatment）的信息栏如图 5-5 所示。

图 5-5　"治疗"（Treatment）信息栏界面

其中"Treatment ID"是必须填写的识别符。建议科室形成一套此 ID 的命名规则，以区分同一个病人有多次治疗、多部位多中心治疗时的情况。例如，"A-Brain""B-chest"，可分别表示"第一程治疗，治疗部位为脑部""第二程治疗，治疗部位为胸部"等。

3. 第三层级"射野"（Field）　这个层级对应治疗部位或阶段["治疗"（Treatment）]所包含的射野，下方的按键与"治疗（Treatment）"相类似。"射野（Field）"的信息窗口如图 5-6 所示。

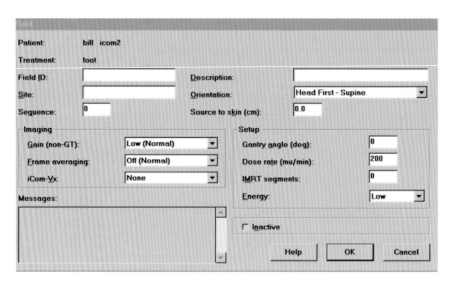

图 5-6　"射野"（Field）信息栏界面

其中"Field ID"是必须填写的唯一的射野识别符。"Sequence"是此射野在射野列表中的排序，0 排第一位，1 则排第二位，以此类推。"Frame averaging"是组成图像的平均帧数。增加平均帧数可提高图像质量，但采集时间拉长。下拉菜单中的四个选项：off（normal）=4 帧、Medium=8 帧、High=32 帧，而 Maximum 则是平均射野出束时获取的所有帧数，从而确保最佳图像质量。对于临床拍摄验证片这种短曝光，一般建议选择 Maximum 作为默认选项。"iCom-Vx"可选择该射野获取影像片的模式。"IMRT segments"针对静态调强（step and shoot）射野设置采集子野图像的数量，若要为一个射野每一个子野采集一幅图像，则此处数值应设置与此射野子野数一致。若是非调强野，则此处默认填"0"。"Energy"对应采集图像时的束流能量水平，以便 iView 软件调取正确的校准图像。"Gain（non-GT）"是在 iViewGT 系统下已不再使用的一个设置，系统会自动优化这个增益值。

　　"射野（Field）"的信息栏的其他一些项目主要是起信息标识以供工作人员参考的作用。

　　4. 第四层级"图像"（Image）　一般用于摆位验证的参考图像多是由计划系统（TPS）产生的数字影像重建片（digitally Reconstructed Radiograph，DRR）通过 DICOM 协议传输给 iView 系统。iView 还支持其他形式的图像导入 / 导出，如 .jpg、.tif、.img、.bmp、.png、.his 等，但临床使用中并不常见。

　　在这个层级也有编辑 🖼 和删除 ✏ 按键。导出图像 🖥 功能可将图像从当前工作站导出到另一个工作站或本地的一个文件夹中，图像格式可选。导入图像 🖥 功能可将图像从本地其他文件夹或另一个工作站中导入到当前工作站的数据库中。

　　图像复核 ✅ 功能是一个可选功能，配备远程 iView 浏览工作站时此功能才更好地发挥其作用。放疗流程因此可设计为：治疗师拍取验证片经过初步审核后，点选要求复核（Request review）；医师或物理师在远程工作站查看需要复核的病人（仅显示需要复核的病人 ❗），再次配准检查图像，如果合格则点选认可批准（Approval），治疗师获得批准信息后开始后续治疗。如果配准存在问题，则点选不批准（Disapprove），可在"Comments"键输入备注信息，治疗师暂缓后续治疗，多岗位一同查找原因。图 5-7 为图像复核窗口。

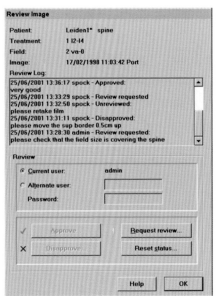

图 5-7　**图像复核窗口**

点击编辑 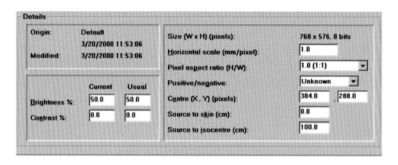 按键时弹出图像信息窗口，如图 5-8。

　　点击"Reference Image"勾选框可将此图像定义为该射野的参考图像。每个射野只允许有一个参考图像，一般为 TPS 传输过来的该射野的 DRR 图像。参考图像在图像列表中以"R"标识。当一个图像分配给错误的病人治疗射野时，可使用"Move"功能将其移动至正确的病人治疗射野名下。"Type"显示了图像的创建类型，常见的有 Port（在加速器上获得的单曝光图像）、Double（在加速器上获得的双曝光图像）、Sim.film（来自模拟机的图像）、DRR、DICOM 图像等。当选择"Details"按键时，将显示该图像更详细的信息，如图 5-8 所示。

图 5-8　图像细节信息窗口

　　在详细信息"Details"中，显示有图像最初获取的时间、最近一次被修改的时间、亮度和对比度的设置值、图像尺寸信息，以及像素比例尺寸设置值等信息。其中需特别说明的有："Horizontal scale"显示了像素与实际尺寸的对应关系，系统默认为每像素 1mm；"Pixel aspect ratio（H/w）"代表一个图像缩放或测量的纵横比，也表示单独像素的纵横比，默认值 1∶1 代表像素为正方形像素。"Centre"显示图像的中心像素坐标值，像素坐标的原点位于图像的左上角。

5.3　图像获取操作

　　iViewGT 系统在非调强射野（Non-IMRT）和调强（IMRT）射野两种条件下，均对应有 3 种图像采集模式。通过射野信息栏中的"IMRT segments"项来设置射野，"0"为非调强射野，其他数值则对应调强射野的子野数。3 种曝光获取图像的效果如表 5-1。

表 5-1　**图像采集方式**

图像采集模式	非调强射野（Non-IMRT）	调强射野（IMRT）
单曝光	获取射野的单幅图像	每个子野均获取一幅对应的图像（如果获取的图像数与子野数不一致，将会弹出信息窗告知）
双曝光/多曝光	获取射野与开野的叠加图像（当射野区域没有足够的解剖结构来帮助验证判断，扩大的开野或可带来有用的解剖信息）——此模式多用于摆位验证	一个射野的所有子野均叠加到一幅图像上——此模式可用于调强验证（如果获取的图像数与子野数不一致，将会弹出信息窗告知）
电影曝光	在射野出束过程中按一定时间间隔采集一系列图像，最多可达256幅（这些图像按序列存储，可像电影一样连续查看，也可一次平铺查看四幅图像）——此模式可用于监测一个射野治疗内的呼吸运动等	在射野出束过程中每个子野均获取对应图像一幅，最多可达256幅（这些图像按序列存储，可像电影一样连续查看，也可一次平铺查看四幅图像）

　　临床常用两个 10cm×10cm 正交射野（机架 0°、90° 或 270°）的双曝光模式来验证病人的治疗中心摆位误差。在编辑开野的外放边界时应注意不要使开野大于 26cm×26cm。开野和射野的 MU 值设置在 3MU 左右即可。因为射野信息栏中的 "Frame averaging" 默认为 Maximum，原理上 MU 值越大图像质量越好，但也会给病人带来额外的照射剂量，特别当射野内有晶体等低限量危及器官时更应注意此问题。

5.4　对图像的操作

　　iViewGT 软件提供了许多工具用于增强、注释和编辑一幅图像。例如影像的亮度/对比度调节、左右/上下反转、黑白反转、放大/缩小、测距等功能按钮。这里不再一一详细介绍。

　　最主要的图像操作是图像配准以获得摆位误差。其主要工作流程如下。

　　1. 导入摆位验证参考图像　导入的摆位验证参考图像一般是由计划系统基于计划 CT 图像和射野等中心信息创建并传输过来的两幅正交位（机架 0°、90° 或 270°）DRR 图像。通过两幅正交图像的配准可获得病人在三维方向上的摆位误差。

2. 根据 DRR 图像上提供的信息，设置参考图像的等中心和比例尺　通过
⊕ 按键设置 DRR 图像上的等中心位置，该位置是射野验证片与参考 DRR 两
幅图像间相互映射的中心参考点。通过 ✛ 按键设置 DRR 图像的比例尺关系。
根据 DRR 图像上已知两点间实际尺寸的信息来设置 DRR 图像与实际尺寸的对
应关系，宽 / 高比例一般为 1 : 1。经过校准的 iViewGT 系统拍摄的射野验证
片图像已建立起与实际尺寸的对应关系。

3. 在参考图像上勾画结构、添加注释　通过 ✎ 按键调出注释工具箱，可
以勾画射野边界 ⬭、解剖结构 ⬭、添加文字注释等。这些信息可以映射（或
称为模板匹配，Template Matching）到拍摄的射野验证图像上。勾画的射野边
界和解剖结构非常有助于在配准时确定摆位误差，因此勾画应仔细认真，解剖
结构应尽量选择骨性结构清晰、移动度小的位置进行勾画。

4. 模板匹配，量化摆位误差　模板匹配功能是医科达 iView 系统的一种二
维图像引导放疗技术，它通过将射野验证片上的射野边缘与先前参考图像上的
射野边缘进行空间对齐，然后再根据两幅图像上解剖结构的位置差异来最终决
定摆位误差。具体操作为两步：①匹配射野边界；②匹配解剖结构。完成这两
步即获得相对屏幕水平、垂直和旋转方向的病人摆位误差值，如图 5-9 所示。

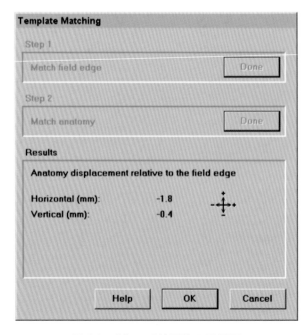

图 5-9　iView 系统图像匹配界面

影像均衡键 [图标] 是一个很有用的图像对比度增强功能键，有助于突显射野范围内的解剖结构以便于观察。

5. *摆位误差处理*　建议科室根据自身情况设置基于 EPID 二维影像摆位验证的误差警告阈值和干预阈值。当误差大于警告阈值时，物理师应与医师共同再次复核验证图像决策，以决定是否继续治疗，并在后续治疗中安排再次拍摄射野验证片以进一步分析摆位误差，对系统误差进行必要的修正。当误差大于干预阈值时，应立即停止后续治疗，检查分析误差产生原因直至摆位误差落入阈值限值要求。笔者的经验是：头颈部肿瘤的摆位警告阈值和干预阈值可分别设置为 2mm 和 3mm，胸腹部肿瘤的警告阈值和干预阈值可分别设置为 3mm 和 5mm。当旋转误差大于 3° 时，应进入治疗室重新摆位；若还不能解决问题，则需物理师与医师共同查找原因并商议解决方案。

6. *治疗等中心修正*　当确定需要进行等中心修正时，可根据模板匹配获得的摆位误差值来操作治疗床进行等中心修正并重新标记等中心点。通过治疗床（非六维治疗床）可修正 X、Y、Z 和治疗床旋转 4 个自由度的摆位误差，一般较少修正治疗床旋转误差，当床旋转误差大于 1° 时，应仔细分析误差产生的原因。在 X、Y、Z 三个方向上治疗床修正可依据"匹配完解剖结构后，以射野边界移动方向为参照，治疗床修正方向应是其相反的方向"的原则进行误差修正。

5.5　科室 iViewGT 系统应用规程的建立

临床若要充分利用好 iViewGT（EPID）系统，使病人从该设备上充分获益，在该系统投入临床使用之初，科室应组织医师、物理师和技师进行充分的研究讨论，根据自身科室的条件形成 iViewGT 系统的操作规程。这里列出一些在该系统投入临床使用之初需要考虑的问题，供操作规程编写者参考。

1. 使用 iViewGT 系统的目标是什么？精确有效的摆位及验证；评估治疗过程中的系统误差和随机误差；分次内和分次间的运动研究等。

2. 哪些病人将用 iViewGT 进行治疗验证？哪些疾病部位适用？

3. 如何使用 iViewGT 系统？何种情况采取在线修正（On-line Correction）模式、何种情况采用离线修正（Off-line Correction）模式？两种模式的具体流程如何设置？

4. 拍摄射野验证片的频率如何？每周、每日？或根据病人的治疗部位？或根据科室一段时间的统计结果？

5. 选择什么图像采集模式：单曝光、双曝光、电影？选择什么作为参考图像：

DRR、模拟机定位片等？

6. 在加速器控制室还是通过远程工作站来完成图像评估？图像配准、审核、批准治疗、位置修正的岗位责任分工如何？整个验证流程如何安排？

7. 基于 iViewGT 的摆位误差的修正阈值如何设置？在线修正还是离线修正？

8. 使用什么图像配置方式？

9. 哪些数据需要定期备份存储、归档？

10. 如何建立开展质量保证（QA）？

在仔细梳理并回答了上述问题后，相信可以制订出较为完善的 iViewGT 系统的操作规程。

第6章

基于XVI系统开展IGRT图像引导放疗

6.1 Synergy 加速器 IGRT 功能简介

图像引导放射治疗(image-guided radiotherapy, IGRT)是在病人进行治疗前、治疗中或治疗后利用各种影像设备获取病人相关影像资料,对肿瘤、正常组织器官或病人体表轮廓进行定位,与治疗计划所用的 CT 影像(以重要的解剖学结构或标记的位置为参考)进行比对,计算出位置误差值,并根据位置变化进行调整,以达到靶区精确放疗和减少正常组织受照的一种放射治疗技术。

Elekta Synergy 加速器的 IGRT 设备有电子射野影像设备(electronic portal image device, EPID)和锥形束 CT (cone beam CT, CBCT),分别对应 iViewGT 系统和 XVI 系统。

XVI 系统是 Synergy 加速器装配的一套锥形束 CT 成像系统,主要用来提供病人在加速器摆位治疗体位下的容积解剖信息,以提高放射治疗精度。它的成像原理类似诊断 CT,只是用锥形束射线替代了扇形束射线,用平面探测器替代了扇形探测器。因此,锥形束 CT 的成像质量要差于诊断用扇形束 CT 的影像质量。

XVI 系统有三种图像采集模式,平面影像模式(PlanarView™)、动态影像模式(MotionView™)和容积影像模式(VolumeView™)。在平面影像模式(PlanarView™)下,XVI 系统可获取一幅静态的平面千伏级 X 线影像,该影像由系统获取的一系列帧图像平均后产生。动态影像模式(MotionView™)下,在加速器机架静止或移动时,XVI 系统按时间顺序获取序列平面影像,该套影像可在射野方向上(BEV, Beam Eye View)观察解剖结构的运动。容积影像模式(VolumeView™)下,随着机架的旋转,XVI 系统采集一组平面图像,经软件重建成解剖结构的三维图像。XVI 系统要求的机架最小扫描范围(旋转角度)

是 187.5° 的弧度，最大扫描范围是一个完整的 360°。扫描范围（弧度）越大图像重建后质量越好，一个完整的 360° 扫描将获取约 650 幅平面图像。

6.2　XVI 系统硬件操作

XVI 系统在治疗室内的硬件主要包括 KV 影像探测板、KV 影像板支撑臂及触碰联锁装置、KV 级 X 线球管、外部准直器、滤过板以及球管高压发生器（位于设备间内）等。

6.2.1　KV 影像探测板和 FOV

KV 影像探测板展开后可以水平运动定位在 S、M、L 三个位置上，以对应三个不同的 FOV（Field of View）设置。图 6-1 ～图 6-3 标明了三个不同 FOV 的机械尺寸。

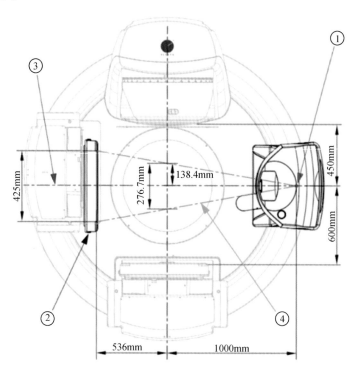

图 6-1　小视野（Small FOV）位置尺寸示意图

① KV 源焦点；② KV 影像探测板；③ KV 级 X 线野的中心轴线（垂直于影像探测面板）；④ KV 级 X 线射野边界。KV 影像探测板的中心与 KV 射束中心轴重合。容积影像模式（VolumeView™）下，可获取重建出直径（FOV）最大 270mm 的图像

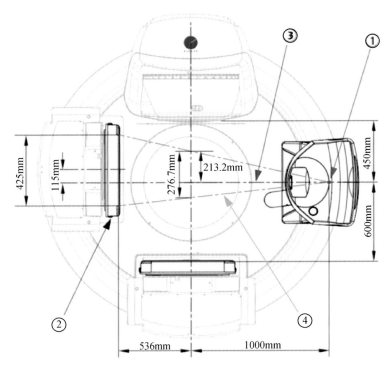

图 6-2　中视野（Medium FOV）位置尺寸示意图

① KV 源焦点；② KV 影像探测板；③ KV 级 X 线射野中心轴线；④ KV 级 X 线射野边界。KV 影像探测板的中心偏离 KV 射束中心轴 115mm。容积影像模式（VolumeView™）下，可获取重建出直径（FOV）最大 410mm 的图像。

当影像板展开时默认在中视野（Medium FOV）位置，通过手控盒可操作影像板平移至其他视野位置。KV 级 X 射线场透射到影像板的尺寸为 425mm×425mm，但实际接收图像的有效面积为 409.6mm×409.6mm。

6.2.2　KV 影像板支撑臂

影像板支撑臂两侧的 $\boxed{凸}$ 是制动释放按钮，按灭背光灯后允许手动操作影像板的进出运动。同时它也是一个故障提示灯，当其闪烁（或伴有风鸣音）时，一般表明影像板或支撑臂没有运动到正确的位置，或联锁装置被触发。

6.2.3　KV 级 X 射线源

KV 影像探测板对侧的 KV 级 X 射线源如图 6-4 所示。

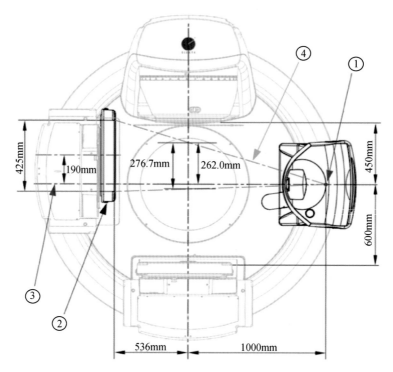

图 6-3 大视野（Large FOV）位置尺寸示意图

① KV 源焦点；② KV 影像探测板；③ KV 级 X 线野中心轴线；④ KV 级 X 线射野边界。KV 影像探测板的中心偏离 KV 射束中心轴 190mm。容积影像模式（VolumeView™）下，可获取重建出直径（FOV）最大 500mm 的图像。亚洲人的体型特征较少使用到大视野（Large FOV）

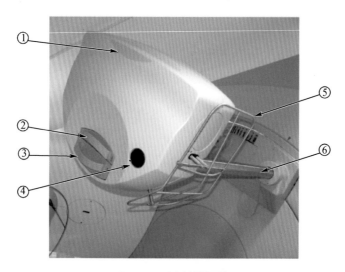

图 6-4 KV 射线源臂

① 源伸缩把手；② 准直器插件；③ 滤线板插件；④ KV 源锁定按钮；⑤ KV 源触碰联锁装置；⑥ KV 源支撑臂

6.2.3.1　准直器插件　准直器插件由特定形状开口的铅板制成，作用类似于加速器的准直器(或类似电子线挡铅)将 KV 级 X 射线准直到一定的射野尺寸，即限定照射区域。Synergy 加速器提供了数个准直器型号供临床选择，在每个型号准直器上均贴有标签，其标签含义见表 6-1 所列。

表 6-1　准直器插件型号标签含义

视野 FOV 的标识	
标签	含义
S	适用于小视野（small field of view）
M	适用于中视野（medium field of view）
L	适用于大视野（large field of view）
射野轴向长度的标识（病人头足方向）	
标签	在等中心处病人头足方向的射野标称长度
2	35.16mm（for medium field of view） 36.46mm（for large field of view）
10	135.42mm（for medium field of view） 143.23mm（for large field of view）
20	276.7 mm
15	178.5 mm（for medium field of view）
15×15	150.0 mm

注：所有准直器插件在等中心处的射野宽度均是 276.7mm，如图 6-1～图 6-3 所示

6.2.3.2　滤线板插件　滤线板插件有 F0 和 F1 两个可供选择。其中 F1 能够降低病人的皮肤剂量，同时减少 XVI 射野（FOV）范围内影像板的饱和度和杯状伪影，能够显著提高一些解剖位置的图像质量，特别是提高病人皮肤与空气界面间的图像显示效果。F0 是一个空的滤线板插件，一般临床多使用 F1。

6.2.4　治疗室内的 XVI 监视器

进行 XVI 图像采集时,在 XVI 软件中需调用相应的采集条件预设(Presets),并在治疗室的监视器屏幕显示。安装准直器插件时应仔细核对该屏幕的信息,因为准直器插件和滤线板插件的安装是没有联锁控制的，即使安装的插件与预设（Presets）不符合,XVI 软件系统也不会侦测到,照样可以执行图像采集操作。这可能导致获得不合用的影像,对病人造成不必要的辐射。如图 6-5 所示是在

治疗室显示器上显示的 XVI 软件的信息，通过手控盒上的 $\boxed{\leftarrow}$ $\boxed{\rightarrow}$ 键可使显示器界面在 Integrity™（Desktop pro™）和 XVI 间切换。

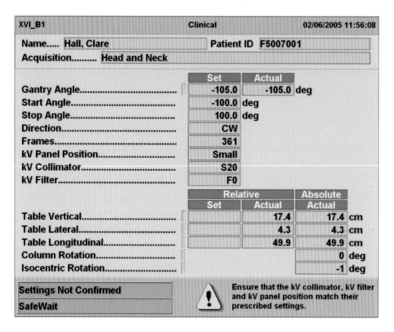

图 6-5　治疗室内显示器上的 XVI 软件界面

6.3　XVI 系统软件操作

Synergy 加速器 XVI 系统软件界面与 iView 系统界面有很多相似之处，如图 6-6 所示。本节重点介绍 XVI 系统特有的功能操作。

常规的开机顺序是：先启动加速器的控制系统（LCS），再启动 XVI 系统，否则容易出现 XVI 与加速器控制系统（LCS）连接故障。若出现连接故障，如想要使 XVI 系统具有图像采集（Image acquisition）功能，则必须重新启动 XVI 系统。

6.3.1　XVI 系统的数据库结构

XVI 系统软件的病人数据库与 iView 系统非常相似，也是病人（Patient）＞治疗（Treatment）＞射野（Field）＞图像（Image）四级结构，病人的 ID（Patient ID）是唯一的标识。要采集 KV 图像必须先选择对应的病人（Patient），XVI 系统会给每个病人（Patient）的每个治疗（Treatment）自动创建"KV IMAGES"

野用于存放相对应的采集 KV 影像。而在每一个治疗（Treatment）层级存储有导入的放疗计划、勾画结构和 CT 参考图像，通过 ![] 键可浏览参考图像。

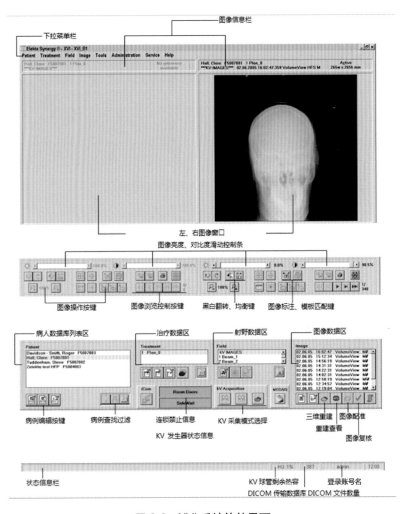

图 6-6 XVI 系统软件界面

6.3.1.1 第一层级 "病人"（Patient） 病人的详细信息窗口如图 6-7 所示，与 iView 系统基本一致，这里不再详述。

6.3.1.2 第二层级 "治疗"（Treatment） 在这一层级最多可包含 250 个不同的治疗输入，每个治疗相对应于一个治疗部位或阶段。"治疗"（Treatment）的信息栏如图 6-8 所示。

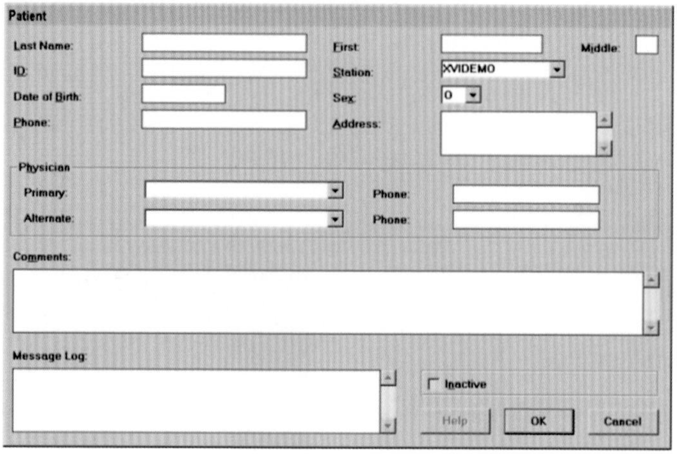

图 6-7　XVI 系统病人的详细信息窗口

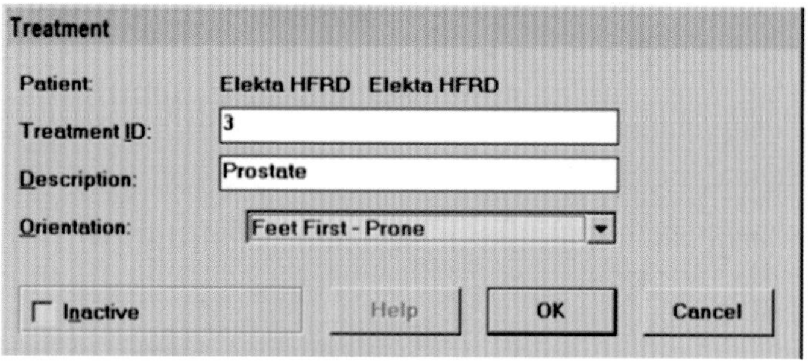

图 6-8　"治疗"（Treatment）信息栏界面

病人方向（Orientation）一般来自 DICOM RT 的参考图像，病人方向会根据 DICOM RT 信息自动进行设置。但也有一些计划系统与 XVI 系统并不十分兼容，这时需注意根据病人的实际摆位情况手动选择病人方向。在"Orientation"下拉菜单中可选的方向如图 6-9 所示。

在 XVI 数据库中每个病人的每个治疗一般都关联有 CT 定位扫描图像、勾画结构文件（structure sets file）和放疗计划文件（RT plan file）等参考数据。由 TPS 或 CT 等设备通过 DICOM 网络输入到 XVI 系统的参考横断面影像数据，被 XVI 系统重建为三维空间像素矩阵。这个重建的三维空间矩阵，在 X、Y 和 Z 平面都由 256 个像素组成，因此重建图像在三个方向（X、Y、Z）都是 256 层。为了覆盖所有的原始 CT 图像，XVI 系统重建矩阵像素有 0.1cm^3、0.156cm^3 和 0.2cm^3 三个选择，对应重建参考图像体积分别为 25.6cm^3、40cm^3 和 50cm^3。点击 ⬥ 键可浏览、设置参考图像，图 6-10 为参考图像的重建浏览窗口（VolumeView Reference）。

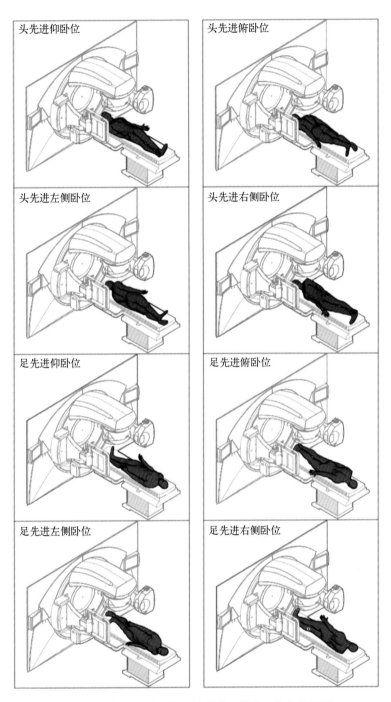

图 6-9　"Orientation"下拉菜单中的病人体位示意图

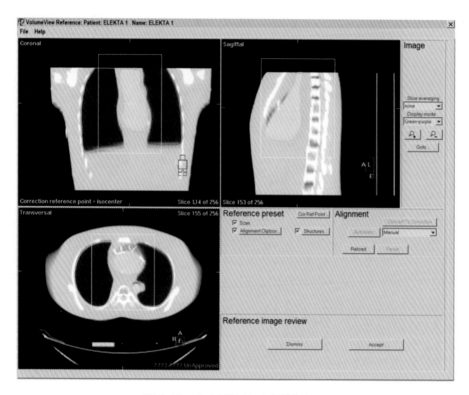

图 6-10 参考图像的重建浏览窗口

在重建浏览窗口中三个复选框"Scan""Structures""Alignment Clipbox"分别用于选择浏览重建的三维容积影像、导入的勾画结构和配准框（Alignment Clipbox）的设定范围。点击"Structures"按键可选择显示导入的勾画结构，但需注意在 XVI 系统显示的结构也是基于原始 CT 横断面上的勾画结构经插植和三角剖分算法重建而来的，因此可能会出现一些异常的显示结果。点击"Alignment Clipbox"可选择是否锁定（Lock）配准框，需注意配准框必须锁定才能执行配准操作且配准框的范围选择会影响到自动配准的结果，因为只有配准框内的像素才参与自动配准。对于配准框范围的选择原则将在本书的后续章节进行介绍。实线表示配准框未锁定可以通过鼠标拖拽的方式进行调节。虚线表示配准框已锁定不能进行编辑，若需编辑则需点击"Alignment Clipbox"按键，取消"Lock"文本前的"√"。

"Cor Ref Point"键用于设定校准参考点。在执行图像配准时，XVI 软件计算所需的治疗床位移植，以使采集的 KV 图像上的一"点"与参考图像上的一"点"精确匹配。这一"点"称为校准参考点（correction reference point）。这个校准参考点可有四个定义方式：①来自 RT plan 文件中的等中心（isocenter）

点；②配准框的中心点；③根据标记点（Marker）定义；④某一个勾画结构（RT Structure）的中心点。这个点的选择会对自动配准后的床位移结果有所影响，特别是在有旋转位移时，选择不同的校准参考点，修正位移量可能会产生较大的不同。一般默认选择定义为等中心点。校准参考点在图像上以青色米字标记显示。

在重建浏览窗口（VolumeView Reference）的右侧"Image"区域可以设置获取的 KV 图像在配准时的显示效果。"Slice Averaging"的一个作用是用于减少重建影像的显示噪声，但同时也会损失一些图像细节。这类似于"平滑"功能。另一个作用是在配准模式下，将拍摄的 KV 图像重建影像的层厚设置的与参考影像的像素尺寸相匹配。"Slice Averaging"功能仅限于改变 KV 采集重建影像的显示效果而不改变重建数据本身，也不对参考重建影像起作用。当从下拉菜单选择不同的值时，每个显示的层面都是相邻层面像素的平均值。"Display Mode"用于设置三维参考图像和 KV 采集重建影像在配准时的显示方式。在四个显示方式中，"Green-purple"方式 XVI 采集影像以绿色显示，计划参考图像以紫红色显示，该显示方式便于整体观察配准结果和两个图像的相对位置关系。"Cut"方式，以棋盘模式交错显示采集影像和计划参考图像，该显示方式便于详细比较两个图像之间解剖结构边缘或整个解剖结构的对齐和匹配程度。在"Cut"方式下，有一些快捷操作便于操作者观察配准结果：键盘空格键可切换采集影像和计划参考影像棋盘方格间的显示；键盘"K"键可循环切换 3 种查看模式，如图 6-11 所示。键盘"Q"键可将棋盘切点移动到鼠标光标位置。

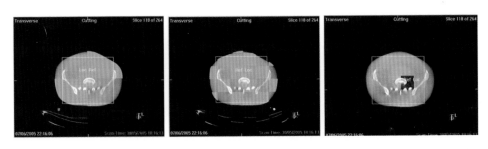

图 6-11　"Cut"剪切查看方式下的 3 种显示模式

最后需要强调的是，在治疗（Treatment）层级的参考重建图像只有锁定了配准框（Alignment Clipbox）才能批准其参与图像配准操作。

6.3.1.3　第三层级"射野"（Field）　在这一层级射野的详细信息窗口如图 6-12 所示，与 iView 系统基本一致，这里不再详述。不同的是 XVI 系统会在射野（Field）列表中自动创建一个"KV Image"射野用于存放对应于"治疗"

（Treatment）获取的 KV 图像。

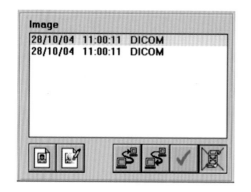

图 6-12　XVI 系统下"射野""Field"详细信息窗口

6.3.1.4　第四层级"图像"（Image）　在这一层级选择 MV 射野和 KV 射野对应出现不同的图像列表框和功能按键，如图 6-13 和图 6-14 所示。

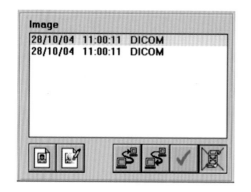

图 6-13　MV 射野的对应的图像列表框

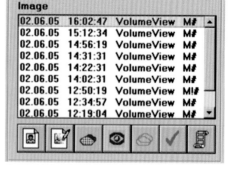

图 6-14　KV 射野的对应的图像列表框

对应 MV 图像的功能与 iView 系统基本一致，这里不再详述。在 KV 图像列表框中，字母"M"表示该图像是动态图像（MotionView™）或容积图像（VolumeView™）；"#"代表已经成功完成三维重建的容积图像；"！"表示这个图像需要被审核；"/"表示这个图像审核已通过；"x"表示这个图像审核未通过。

图像（Image）的详细信息窗口如图 6-15 所示，除右侧的"Message Log"日志信息栏外，其余与 iView 系统基本一致。

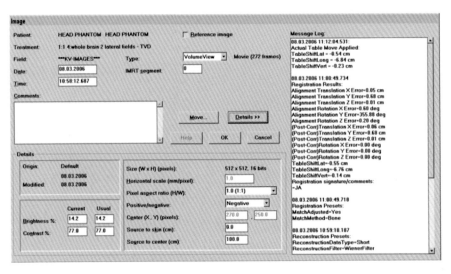

图 6-15　XVI 系统图像（Image）的详细信息窗口

在"Message Log"日志信息栏中主要记录了以下 XVI 系统的操作。

1. 图像的审核。

2. 模板匹配（仅对 MV 或导入的图像）。

3. 图像的旋转。

4. 图像是否来自另一个 XVI 数据库。

5. 图像获取（Acquisition）、重建（Reconstruction）和配准（Registration）所用的预设参数（Presets）。

6. 三维配准结果。

7. 图像获取的日期和时间。

图标 是容积影像重建（Reconstruct VolumeView™）键。XVI 平面影像探测板随机架旋转而获取一组连续机架角度下病人的投射平面影像，这组平面投射影像经特定算法计算后重建为三维容积影像，并以横断、冠状和矢状三个正交平面影像的方式供我们查看和操作。在 XVI 软件的重建预设(reconstruction presets）中包含有许多用于控制重建过程的参数。默认的重建预设参数以优化重建图像质量为主，而次要考虑重建速度。如果要优化重建处理速度，则需要编辑重建预设里的参数。例如，在重建预设（reconstruction presets）中，我们可编辑图像的插植算法，有 None、Bilinear、Partial2 三个算法可以选择。默认的插植算法是 Partial2，该算法优化了重建图像质量。如果我们将其改为 None，则重建过程将更快，而图像质量有所损失。关于 Presets 的编辑详细内容可参看本章 6.3.5。

8. 图像是否已经被打印。

9. 实际应用的治疗床修正值。

已经完成三维重建的图像在图像列表中标记有"#"标签，通过 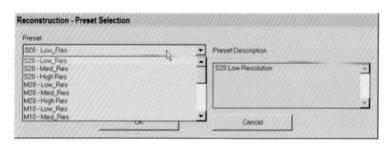 键可查看重建的三维图像。

图像的重建有在线和离线两种形式。

（1）在线重建：XVI 系统在获取影像的同时也进行三维重建，当图像采集结束，容积影像重建浏览窗口（VolumeView™ reconstruction display）将自动运行并展示。在线重建有利于提高工作效率，当临床选择离线修正（off-line correction）方案时建议在线重建的"重建预设"（Preset）选择低图像质量，快速度，以便先快速查看一下重建图像，待后续再使用速度慢但图像质量高的重建预设（Preset）重建并执行配准操作；当临床选择在线修正（in-line correction）方案时建议在线重建的"重建预设"（Preset）选择高图像质量，重建完成后直接进行配准操作并计算摆位误差。

（2）离线重建：对于未重建或已完成重建的图像都可进行新的重建操作，执行重建前可根据情况选择不同的重建预设，如图 6-16 所示。具有"Senior Clinical"权限的操作者还可利用 键和 键将获取的动态影像（MotionView™）或容积影像（VolumeView™）中的一些图像质量不好的帧、机架旋转起始或停止处的帧剔除掉（标记为不激活）以不影响图像重建质量。要操作此功能，需首先在"Image"菜单中勾选"Extend Frame Information"项，激活 键和 键，然后通过 键和 键浏览每一帧图像进行选择。

图 6-16　**重建预设（Preset）选择**

6.3.2　病人参考图像的导入

XVI 系统可通过 DICOM 网络接收来自 TPS、CT 等设备传来的图像、勾画结构、放疗计划及数字重建放射片（digitally reconstructed radiograph，DRR）等文件。这些传入的文件先暂存在"DICOM transit database"数据库中，在

XVI 主界面屏幕右下角的状态信息栏中会显示当前该数据库中的文件数。XVI 系统支持 2D 和 3D 参考数据的导入。

　　3D 数据的导入通过"Dicom Import Validation Tool：3D Import"窗口,如图 6-17 所示。只有当病例数据包含完整的 RT Plan、RT Structure 和 CT 图像文件时才出现绿色✔标识,表示该病例可以导入 XVI 病例数据库。注意：当 RT plan 文件中不包含等中心信息或有多个等中心时,病例是不能导入病例数据库的。当 RT Structure 文件中包含有复杂勾画结构,如不封口的马蹄形勾画、类似面包圈的勾画时,XVI 系统容易出现导入错误,建议在 TPS 中对此类结构进行修改或删除。传入 XVI 的 RT Structure 文件中不易包含太多勾画结构,太多勾画结构会拖慢 XVI 工作站的处理速度,建议科室组织医师、物理师和治疗师共同讨论并形成一定的操作规程,即根据不同的治疗部位传输相应的靶区、危及器官和等剂量线以满足临床配准和评估的需要。

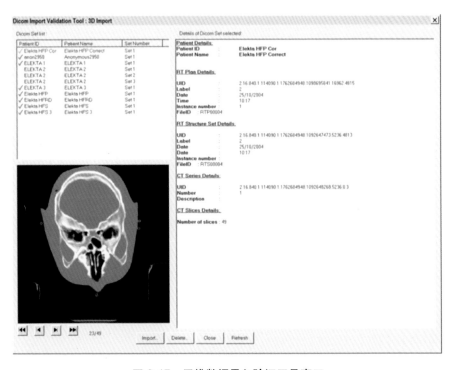

图 6-17　三维数据导入验证工具窗口

　　点击"Import"导入数据,XVI 系统一般会弹出图 6-18 的警示对话框,提示导入操作者核对病人姓名、ID 和 RT Plan 的日期、时间,确认计划等中心无误。

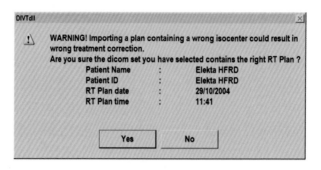

图 6-18　　**图像导入确认对话框**

XVI 也可导入正交位的 DRR 图像作为治疗摆位的验证参考图像，导入方法与 3D 图像的导入相似，通过"Dicom Import Validation Tool：2D Import"窗口进行导入操作。除了 DICOM 导入工具外，还可以通过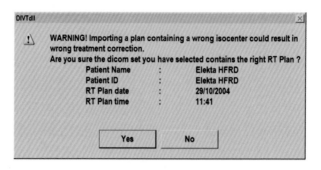键将与 XVI 工作站联网的其他电脑文件系统中的二维图像导入，这种导入方式支持多种图像格式，与 iView 系统相同，部分导入的二维图像可能需要设置中心和比例尺等操作。

6.3.3　KV 图像的获取

医科达 Synergy 加速器的 XVI 系统有平面影像模式（PlanarView™）、动态影像模式（MotionView™）和容积影像模式（VolumeView™）三种 KV 图像获取模式。

6.3.3.1　**球管预热**　每日首次执行 XVI 采集图像操作前，或当间隔 4h 以上没有进行 KV 球管曝光操作时需要进行球管预热。软件界面中，当选择病例的 KV IMAGES，点击图像获取按键（PlannarView™）或（MotionView™）或（VolumeView™），在出现的预设选择（Preset Selection）对话框的左下角的警告（Warning）信息栏中如果出现"Warning-kV tube requires warm up"警示信息时，则需要先预热 KV 球管，如图 6-19 所示。需要注意的是 XVI 软件状态栏中的 HU 值为 0% 时，并不一定需要进行球管预热。

进行球管预热时，拉出 KV 源臂，收回 KV 影像探测板。在软件菜单选择 Image > kV Acquisition > Tube Warmup 或键盘按 Alt+F8 键执行。若有阻止（Inhabit）被触发，则弹出 Warning 对话框。这时需要先清除所有的阻止（Inhabit）项。若一切正常，则弹出 Waiting 对话框，等候启动曝光预热球管。球管预热的默认预设参数为：KV=80，mA=40，ms=10，Frames（帧）=1500。预热完成后球管的热容 HU 一般在 9% 左右。

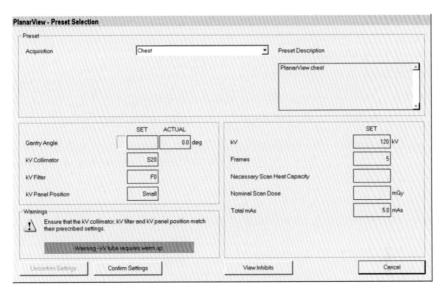

图 6-19　预设选择对话框

6.3.3.2　XVI 系统的联锁禁止信息和 KV 发生器状态信息　XVI 系统主界面的底部中间位置有两个信息状态栏，用不同的颜色表示联锁禁止信息和 KV 发生器的状态信息，主要有 3 种颜色：绿色表示 XVI 系统将可以产生 KV 射线；黄色表示 XVI 系统正在产生或可能会产生 KV 射线；橙色表示 XVI 系统由于联锁禁止被触发或错误的系统状态而不能产生 KV 射线。

XVI 系统常见的联锁禁止信息和 KV 发生器的状态信息如表 6-2、表 6-3 所示。

表 6-2　XVI 系统联锁禁止（Inhibit）信息及含义

禁止提示信息	说明及简单处理方法
Desktop	XVI 与加速器控制系统失去连接。可尝试重启 XVI 工作站
Table Node	治疗床连接失效，可能是 XVI 与加速器控制系统失去连接造成
KV DCB	XVI 软件不能与 KV 影像板连接。等几秒后仍未能清除，可尝试重启 XVI 工作站
KV Image Board	KV 影像板可能出现掉电
KV Source Arm	KV 源没有伸出到正确位置并锁定
Out of Tolerance	预设（Preset）中的设置参数未达到容差范围内，这些未达到的参数会在监视器上有红色标记。按预设值设置相关参数

续表

禁止提示信息	说明及简单处理方法
Room Doors	治疗室门未关闭
Reset Motors	由于加速器的运动被阻止而导致 XVI 不能产生 X 射线。需要清除运动被阻止的因素，并复位马达（Reset Motors）
KV Generator Settings	一个或多个在预设（Preset）中有关 KV 发生器的设置（KV，mA 或 ms）没被 KV 发生器接受。可尝试重新选择 Preset 解决
Settings Not Confirm	预设设置还没有被确认
KV Offset Calibration	当 XVI 不采集图像时，每隔 35s 系统会自动进行一次 KV Offset 校准。这个校准最多 2min 完成。在连续采集图像之后常可出现此阻止信息。在进行 KV Offset 校准时踩下 KV 发生器踏板，虽然发生器状态信息栏显示 XRAY，但并没有实际射线产生
KV Tube Overload	KV 球管过载。可等候一段时间使球管冷却，然后在重置 KV 发生器以清除阻止信息
No Inhibits	XVI 系统已准备好出束

表 6-3　KV 发生器状态信息及含义

状态信息	说明及简单处理方法
(unknown)	因为 KV 发生器处于未知状态而不能产生 KV X 射线
SafeWait	KV 发生器保持在"安全等待"状态，等候出束指令
UnInitialized	KV 发生器还未初始化，不能产生 X 射线。该状态应不持续 10s，若长时间不消除可尝试重启 XVI 软件，进一步可尝试重启工作站
Fault	KV 发生器发生故障，不能产生 X 线。可尝试点击 KV 发生器状态显示尝试重置 KV 发生器来消除故障
Calibrating	KV 发生器正在校准而不能产生 X 线
Standy	KV 发生器处于预备状态，XVI 系统准备产生 KV X 线
Preparatory	KV 发生器产生 X 射线前的暂时状态，所有阻止（Inhibit）已清除
XRAY	KV 发生器已正产生或可能产生 X 线

6.3.3.3　图像采集流程　平面影像（PlanarView™）、动态影像（MotionView™）和容积影像（VolumeView™）的图像采集操作流程为：在控制室选择图像采集预设（Preset）> 在治疗室摆位病人并根据预设设置并核对机器各参数 > 在控制室执行图像采集。预设（Preset）的配置与选择对图像采集的执行非常重要。有关预设（Preset）的配置内容详见 6.3.5。

6.3.4　XVI 系统的三维图像重建

XVI 软件的 VolumeView™ 可将导入的 DICOM CT 数据或影像板采集的一组平面影像信息重建为基于三维像素矩阵的容积影像，并通过横断、冠状和矢状 3 个二维平面影像展示出来。这 3 个平面分别沿着加速器治疗室的 X、Y 和 Z 轴，如图 6-20 所示。

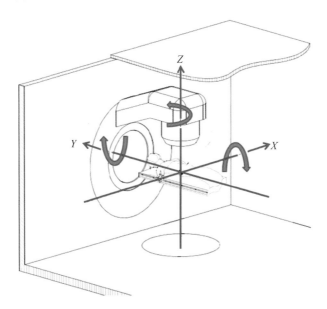

图 6-20　**Synergy 坐标系统（箭头代表正值方向）**

　　3 个平面（横断、冠状和矢状）的影像层数由重建预设（Preset）中的设置值确定（对于来自 DICOM CT 的参考图像一般在 3 个方向均重建为 256 层图像）。重建图像在 3 个方向的层面编码（层号）如图 6-21 所示。

　　在每个平面影像窗口，左下角绿色文本显示当前层面的层号，侧面边框处的白色标记线是该层面相对于其他两个平面的相对位置。如果该层面是等中心层面，则等中心由黄色十字线指示，如图 6-22 所示。

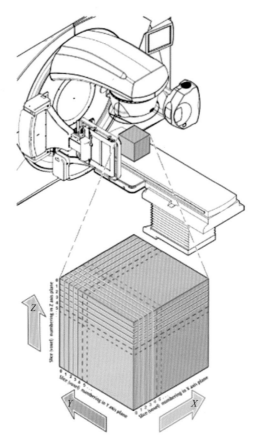

图 6-21　重建三维图像相对于加速器坐标轴的层面编码

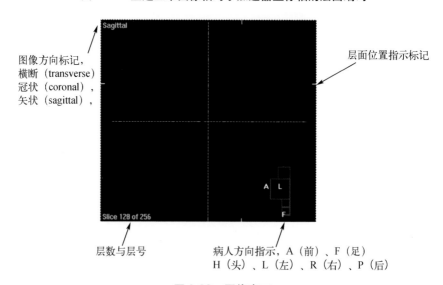

图 6-22　图像窗口

6.3.5　预设（Presets）的创建与配置

在医科达 Synergy 加速器 XVI 系统中，预设（Preset）是控制 XVI 系统将如何获取和（或）重建 KV 图像的各项指定参数的集合。临床用户根据需要选择相应的预设用于任何 KV 图像（3 种模式）的采集或重建。Synergy 的 XVI 系统自带有一组默认的 Preset，临床用户可根据自己科室制订的图像引导方案来创建新的 Preset，或者编辑、修改、删除已有的 Preset。当然这些操作需以管理员账户登录 XVI 系统。

临床会用到四种类型的 Presets，分别用四个 .ini 格式的文本文件来定义，详见表 6-4。这些文件存储在 XVI 系统安装目录的 \Presets 子文件夹下。

表 6-4　XVI 系统中的 Preset 类型

Preset 类型	相对应的 ini 文件
PlanarView™ 平面影像预设	planar.ini
MotionView™ 动态影像预设	motion.ini
VolumeView™ 容积影像预设	volume.ini
Reconstruction 影像重建预设	reconstruction.ini

要编辑或创建 Presets，需以管理员账户登录 XVI 系统，从软件菜单 Administration>Presets 选择相应的 .ini 文件。.ini 文件以文本编辑器的形式打开。在一个 .ini 文件中包含全部的预设并依次罗列，顺序与预设选择（Preset Selection）对话框中的选择下拉菜单的顺序一致，如图 6-23 所示。

在 .ini 文件中的格式是以区块罗列所有 Presets。每一个 Preset 以方括号起头，括号内为 Preset 的命名；接下来的每一行以"参数名称＝设置值"的形式预设各项参数；每一个 Preset 记录区块的倒数第二行是自动生成的这个 Presets 最后修改的日期和时间；最后一行是一个名为校验和（checksum）的特殊参数，由 XVI 系统自动生成。此外在每一行可用";"隔开在其后添加注释。

在 Presets 编辑器中可以用文本编辑的形式对已有的 Presets 进行修改，也可拷贝并粘贴一整个 Presets，再做进一步修改以创建新的 Presets。编辑完成后点击 Save，系统会自动进行验证。如果自动验证发现本次编辑有问题，会弹出如图 6-24 的错误信息对话框，表示 Presets 验证失败。

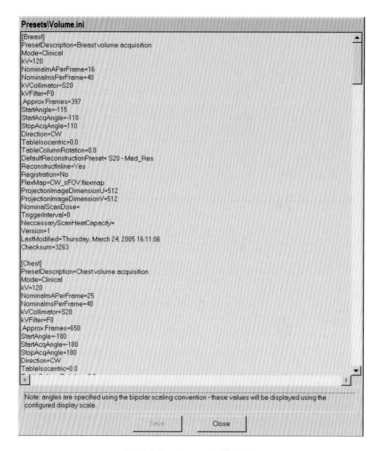

图 6-23 Presets 编辑器

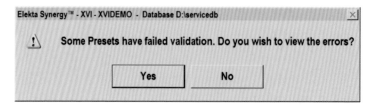

图 6-24 Presets 编辑器自动验证失败后的错误信息

点击 Yes 将弹出另一个文本窗口显示错误的日志信息。在这个日志中列出了所有无效的参数配置，罗列的形式如下。

[Preset 名称]

< 错误编码 >：参数名称 = 设置值：错误的简要说明。如图 6-25 所示。

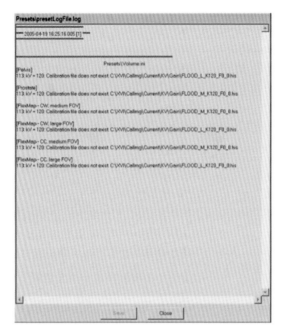

图 6-25　Preset 验证错误信息日志

如果 Preset 修改或创建后验证通过，则弹出（Modified Presets）对话框，如图 6-26 所示。点击 Accept 接受后，更新的 Preset 将可用于 KV 图像采集。

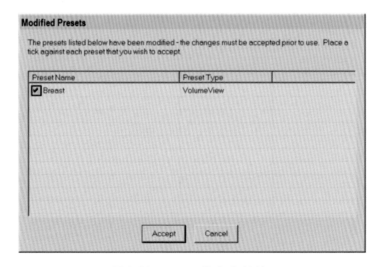

图 6-26　Preset 修改后对话框

在 PlanarView™ 和 MotionView™ 相对应的 Presets 中出现的参数及含义见表 6-5。

表 6-5　在 PlanarView™ 和 MotionView™ 相对应的 Preset 中出现的参数和含义

参数	说明
[Preset 名称]	预设的名称。该名称在每个 .ini 文件中应是唯一的, 不区分大小写, 最长允许 30 个字符, 只允许使用 ASCII 码
Preset Description	预设的说明, 最长允许 256 个 ASCII 码。该说明会显示在 XVI 软件的屏幕对话框中, 帮助临床用户识别和正确选择 Preset
Mode	有 Clinical 和 Service 两个设置值。Clinical 意味着该 Preset 对临床模式或维护模式登录的用户可用 ; Service 意味着该 Preset 仅对维护模式登录用户可用
KV	定义 X 线球管发射 X 射线的能量（即 X 线球管电压）。该参数必须设为 70 ~ 150 的整数值
Nominalm APerFrame	采集图像时每帧图像流经 X 射线源管的标称电流, 以毫安为单位。其值与参数 Nominalms PerFrame 的值相关 : 当 Nominalms PerFrame=10, 12, 16, 20, 25 或 32 时, Nominalm APerFrame 可取 10, 12, 16, 20, 25, 32, 40, 50, 64, 80 或 100 ; 当 Nominalms PerFrame=40 时, Nominalm APerFrame 可取 10, 12, 16, 20, 25, 32, 40, 50, 64, 80, 100, 125, 160, 200 或 250 ; 当 Nominalms PerFrame=160 时, Nominalm APerFrame 可取 100, 125, 160, 200, 250, 320, 400 或 500
Nominalms PerFrame	采集图像时每帧图像曝光标称脉冲持续时间, 以毫秒为单位。其值必须从 10, 12, 16, 20, 25, 32, 40 或 160 中选择
Frames	获取一幅图像需要获取的帧数, 这些帧经图像合成处理成所需的 PlanarView™ 或 MotionView™ 图像。其值必须是 3 ~ 2000 的整数

上面四个参数取值需注意 :（KV × Nominalm APerFrame）的乘积不能超过 40kW,（kV × Nominalm APerFrame × Nominalms PerFrame × Frames）的乘积不能超过 800kJ

参数	说明
Trigger Interval	该参数在 XVI R4.0 中没有功能, 其必须等于 0
Necessary Scan Heat Capacity	该参数在 XVI R4.0 中没有使用
kVCollimator	在控制室和治疗室的监视器上通知用户 KV 图像采集使用的是那个 KV 准直器。其不参与控制 XVI 系统运行。其在 Service 模式下为可填项, 在 Clinical 模式下为必填项, 值必须从 S20, M20, M10, M2, L20, L10 及 L2 中选择

续表

参数	说明
kVFilter	在控制室和治疗室的监视器上通知用户 KV 图像采集使用的是哪个 KV 滤线板。其不参与控制 XVI 系统运行。其在 Service 模式下为可填项，其值可取 F0，CAL1 或 CAL2；在 Clinical 模式下为必填项，值必须是 F0 或 F1
AcqAngle	图像获取的机架角度，在 PlanarView^{TM} 或 MotionView^{TM} 模式下为可选项。该值如果未填，则 XVI 系统不会在图像采集前对机架角度进行误差（tolerance）检查；如果赋值则必须是 − 185.0 到 +185.0 范围内，以度为单位的机架角度。当 PlanarView^{TM} 图像采集时，XVI 系统对机架位置检查确保在预设的角度并保持静止；当 MotionView^{TM} 图像采集时，XVI 系统检查完机架起始位置后不再进一步机架角度检查，允许在采集图像时机架旋转
Table Isocentric	图像获取时的治疗床等中心旋转角度，在 PlanarView^{TM} 或 MotionView^{TM} 模式下为可选项。赋值必须是在 − 100.0 ∼ +100.0。XVI 系统会对该值进行误差检验，由于非共面旋转容易发生碰撞，故该值多为缺省状态
Table Column Rotation	图像获取时的治疗床面的旋转角度，在 PlanarView^{TM} 或 MotionView^{TM} 模式下为可选项。赋值必须是在 − 180.0 ∼ +180.0。XVI 系统会对该值进行误差检验，由于非共面旋转容易发生碰撞，故该值多为缺省状态
Projection Image Dimension U	获取的 KV 图像在加速器 GT 方向的像素数。其值必须从 128、256、512 或 1024 中选择。临床模式下正常取值为 512
Projection Image Dimension V	获取的 KV 图像在加速器 AB 方向的像素数。其值必须从 128、256、512 或 1024 中选择。临床模式下正常取值为 512
需注意：Projection Image Dimension U 与 Projection Image Dimension V 的设置值必须一致	
Version	预设 INI 文件的格式版本。在 XVI R4.0 中，此参数必须为 1
Last Modified	上次修改的日期和时间。系统自动生成
Checksum	检测校验对 Preset 进行的任何修改。系统自动生成

在 VolumeView^{TM} 相对应的 Preset 中出现的参数见表 6-6 所列。

表 6-6   VolumeView™ 相对应的 Preset 中参数

参数	说明
[Preset 名称]	与表 6-5 相同
Preset Description	与表 6-5 相同
Nominal Scan Dose	该参数不参与控制 XVI 系统，仅是告知临床用户使用该 Preset 采集图像时，病人所接受的辐射剂量。即容积 CT 剂量指数 CTDIvol，在 synergy 加速器 XVI 系统中 CTDIvol=CTDIw（CTDIw 为加权 CT 剂量指数）。这个参数应由临床物理师使用专用模体和电离室测量得到。CTDIvol 和 CTDIw 的定义和测量方法详见相关文献
Mode	与表 6-5 相同
KV	与表 6-5 相同
Nominalm APerFrame	与表 6-5 相同
Nominalms PerFrame	与表 6-5 相同
Trigger Interval	该参数在 XVI R4.0 中没有功能，其必须等于 0
Necessary Scan Heat Capacity	该参数在 XVI R4.0 中没有使用
kVCollimator	与表 6-5 相同
kVFilter	与表 6-5 相同
Start Angle	"预扫描"机架的起始角度，即机架开始旋转但还未开始获取图像时的机架角度，开始获取图像时的机架角度由 StartAcqAngle 定义，预扫描机架角与获取图像机架角间隔一定角度（一般为 5°），经过这个"预转动"会使机架在获取图像前达到稳定的旋转速度。XVI 系统会检查预扫描机架角度是否在误差允许范围内，其值显示在监视器的 Gantry Angle SET 栏，若超出误差允许范围则该栏前出现红色标记。在 Preset 中 Start Angle 的赋值必须在－ 185.0 ～ +185.0
Start AcqAngle	开始获取图像时的机架角度。该值显示在监视器的 Start Angel SET 栏中。在 Preset 中 StartAcqAngle 的赋值也必须在－ 185.0 ～ +185.0
Stop AcqAngel	停止获取图像时的机架角度。该值显示在监视器的 Stop Angel SET 栏中。在 Preset 中 Stop AcqAngle 的赋值也必须在－ 185.0 ～ +185.0

Start AcqAngle 和 Stop Acq Angel 的值直接影响了采集图像的帧数（Frames），在 VolumeView™ 的 Preset 设置中也需要注意：(kV×Nominalm APerFrame) 的乘积不能超过 40kW，(kV×Nominalm APerFrame × Nominalms PerFrame × Frames) 的乘积不能超过 800kJ

续表

参数	说明
Direction	图像获取时的机架旋转方向。CW 为顺时针、CCW 为逆时针方向。该值必须与 Start Angle、Start AcqAngle 和 Stop AcqAngel 的设置值相匹配
Flexmap	所使用的 preset 中调用的"flexmap"校准文件。这个参数是必须设置的,注意"flexmap"文件方向与 Direction 设置的方向相匹配。关于"flexmap"详见厂家的维护手册
Reconstruct Inline	定义是否在图像采集的同时进行图像重建(in-line reconstruction)。有效值是 Yes 或 No。当 Yes 时,在图像采集时 XVI 系统同时根据 Preset 中的 Default Reconstruction Preset 值进行图像重建。当 No 或空缺时,图像采集时不同时进行重建,若 Default Reconstruction Preset 有设置,则在图像采集完成后,马上自动进行图像重建(on-line reconstruction),若 Default Reconstruction Preset 没有设置,则不进行重建。需要注意的是,in-line 方式虽然提高了效率,但某些情况下图像重建质量不如 on-line 方式
Default Reconstruction Preset	在执行此 Preset 时调用的重建预设。其值必须对应存在且有效的重建预设(Reconstruction Preset)名。在定义这个参数时需考虑几何有效性(geometric efficiency)的值是否小于 70%,如果小于则应记录在 Preset Description 中。几何有效性是 XVI 系统中图像重建体积与实际辐射体积的比值,数值上等于 Y 轴(G-T 方向)上的重建长度与辐射野长度的比值。临床物理师可根据 Reconstruction Voxel Size,Reconstruction Dimension Y and Reconstruction Offset Y 手册计算
Registration	定义在图像采集重建完成后是否进行自动配准及调用治疗床移动辅助(Table Move Assistant)
Table Isocentric	图像获取时的治疗床等中心旋转角度,该值必须是 0。XVI 系统会对该值进行误差检验,误差限为 1°
Table Column Rotation	图像获取时的治疗床面的旋转角度,该值必须是 0。XVI 系统会对该值进行误差检验,误差限为 1°
Projection Image Dimension U	获取的 KV 图像在加速器 GT 方向的像素数。其值必须从 128、256、512 或 1024 中选择。临床模式下一般取值 512
Projection Image Dimension V	获取的 KV 图像在加速器 AB 方向的像素数。其值必须从 128、256、512 或 1024 中选择。临床模式下一般取值 512

续表

参数	说明
需注意：Projection Image Dimension U 与 Projection Image Dimension V 的设置值必须一致	
Version	预设 INI 文件的格式版本。在 XVI R4.0 中，此参数必须为 1
Last Modified	上次修改的日期和时间。系统自动生成
Checksum	检测校验对 Preset 进行的任何修改。系统自动生成

在 VolumeView™ 模式下，根据预设参数可得到相应的图像采集帧数为：

$$\text{number of frames} = \frac{\text{Stop AcqAngle-Start AcqAngel}}{\text{gantry speed}} \times \text{frame rate}$$

这里 grantry speed 是容积图像采集过程中机架旋转速度，一般为每秒 3.18°；frame rate 是 KV 影像板获取图像帧的速率，一般为每秒 5.5 帧。

6.3.6　图像重建

重建（reconstruction）是将 VolumeView™ 模式下采集的投影图像重建为体积图像矩阵的过程。XVI 系统重建使用滤波反投影技术。同时也采用投影图像的预处理增强和散射校正技术。重建操作也有相对应的预设（Presets）可进行编辑。在预设中可定义重建图像的尺寸、分辨率、距离等中心的偏移量、在滤波反投影前对图像是否进行加强处理、调节维纳滤波器、应用散射校正、优化重建速度和质量等。表 6-7 列出了重建预设（Presets）中出现的参数。

表 6-7　重建相对应的 Presets 中出现的参数和含义

参数	说明
[Preset 名称]	与表 6-5 相同
Preset Description	与表 6-5 相同
PreFilter	定义在三维图像重建前进行的预处理。该参数是必填项，可用的值如下。 • Despeckle：从投影图像中移除明显的斑点 • Median5：对投影图像应用中值滤波窗，该滤波窗包含一个像素和其相邻的 4 个像素值 • Median9：对投影图像应用中值滤波窗，该滤波窗包含一个像素和其相邻的 8 个像素值 • None：对投影图像不进行预过滤处理

续表

参数	说明
Reconstruction Voxel Size	定义重建的 3D 图像的立方体像素的长、宽和高度值（以毫米为单位）。该参数是必填项，取值为 0.1 ～ 10.0
Reconstruction Dimension X	定义重建的 3D 图像在 X 轴方向的大小（以像素为单位）。该参数是必填项，取值为 1 到 1024 的整数。要允许重建体积 DICOM 导出，则 Reconstruction Dimension X 的值必须等于 Reconstruction Dimension Z 的值
Reconstruction Dimension Y	定义重建的 3D 图像在 Y 轴方向的大小（以像素为单位）。该参数是必填项，取值为 1 到 1024 的整数。XVI 软件会自动四舍五入将其值近似为 8 的整数倍
Reconstruction Dimension Z	定义重建的 3D 图像在 Z 轴方向的大小（以像素为单位）。该参数是必填项，取值为 1 ～ 1024 的整数。要允许重建体积 DICOM 导出，则 Reconstruction Dimension X 的值必须等于 Reconstruction Dimension Z 的值
Reconstruction Offset X	定义重建 3D 图像的中心在 X 轴方向上距离 MV 等中心有多远（以毫米为单位）。该参数是必填项，取值为 − 400 ～ 400 的整数。零值意味着重建中心与 MV 等中心重合；非零值意味着允许重建图像中心沿 X 轴移动一定距离，以覆盖病人感兴趣的区域
Reconstruction Offset Y	该参数与 Reconstruction Offset X 相似，定义重建的 3D 图像在 Y 轴方向的偏移量
Reconstruction Offset Z	该参数与 Reconstruction Offset X 相似，定义重建的 3D 图像在 Z 轴方向的偏移量
Reconstruction Filter	定义 3D 重建时，反投影重建所使用的滤波器。该参数是必填项，在 XVI R4.0 中其值必须是 Wiener（维纳滤波）
Number Of Reconstruction Filter Parameters	定义重建预设文件中必须存在的附加参数数量，以控制重建滤波的过程。该参数是必填项，对于 XVI R4.0 所使用的维纳滤波器（Wiener），其值必须是 2
Reconstruction Filter Parameter 1	用于控制 3D 重建维纳滤波器的第一个附加参数。其值必须是浮点数值（最多两位小数），取值在 0.01 ～ 10.00。该参数影响重建图像的空间频率分布，具体详见医科达 XVI 临床用户（Clinical Mode User Manual for XVI）手册介绍

续表

参数	说明
Reconstruction Filter Parameter2	用于控制 3D 重建维纳滤波器的第二个附加参数。其值必须是浮点数值（最多两位小数），取值在 1.00 ～ 1000.00。该参数影响重建图像的空间频率分布，具体详见手册介绍
Interpolation	定义在将投影图像像素反投影重建到三维重建像素时使用的像素插植方法。该参数是必填项，可用的值如下。 • None：反投影重建时不进行插植 • Bilinear：沿着反投影方向进行四点插植。这个选项通常比 Partial2 提供更好的重建结果，但需要更长的处理时间 • Partial2：该插植方法首先将投影图像用因子 2 进行预插植，然后再沿反投影方向使用简单的临近插植方法
Projection Region Of Interest U	该参数在 XVI R4.0 中没有使用
Projection Region Of Interest V	该参数在 XVI R4.0 中没有使用
Scatter Correction	该参数控制重建软件如何补偿投影数据中散射辐射的影响。该参数是必填项，对于 XVI R4.0 的可选值如下。 • None：不进行散射校正 • Uniform：算法通过假设入射到病人体内每个像素处的原射线和散射线有一个固定的比例，以此来估算散射量。然后从投影数据中减去该比例
Number Of Scatter Correction Parameters	该参数定义重建预设文件中必须有的附加参数数量，用以控制散射校正方法的性能。该参数是必填项，若 ScatterCorrection=None，则该参数必须为 0。若 ScatterCorrection=Uniform，则该参数必须为 1
Scatter Correction Parameter 1	若 ScatterCorrection=None，则该参数必须为 0。若 ScatterCorrection=Uniform，则该参数定义原散射线比。即每个像素处入射辐射多少比例被认为是散射线，其取值范围为 0.00（没有散射）～ 1.00（100% 为散射）
Reconstruction Data Type	该参数定义用于执行 3D 重建的数据类型精度。该参数是必填项，可用的值为 short（快速、低质量）、integer 和 float（最慢、最高质量）

续表

参数	说明
Projection Down Size Factor	该参数设置允许以降低图像质量为代价提高三维重建的速度。该参数是必填项，可选值为 1（最高质量、最慢速速）、2、4 和 8（最低质量、最快速度）
Version	预设 .ini 文件的格式版本。在 XVI R4.0 中，此参数必须为 1
Last Modified	上次修改的日期和时间。系统自动生成
Checksum	检测校验对 Preset 进行的任何修改。系统自动生成

6.3.7 容积图像的配准

容积图像的配准（VolumeView^{TM} registration）是通过比对重建 CBCT 图像与参考计划图像的空间位置和方向来获取两个图像间的位置偏差。根据这个偏差，可通过自动移床功能来进行在线修正（on-line correction），也可分析后续若干次治疗时的图像引导配准结果再对获得的系统误差进行离线修正（off-line correction）。

点击 键进入配准界面。如果在图像采集的 Preset 中 Registration 设置为 Yes，则图像采集重建完成后会自动进入配准界面。图 6-27 为图像配准界面。

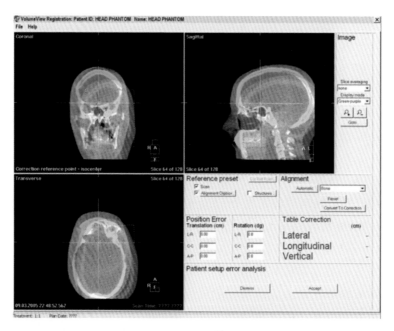

图 6-27　VolumeView^{TM} 图像配准界面

配准界面中的 Reference preset 和 Image 区域的功能已在 4.1.2 的"重建预览"中进行了介绍。本节重点介绍图像配准功能。在 Alignment 区域，XVI 软件提供了手动配准（Manual）、骨性结构自动配准（Bone）和灰度值自动配准（Gray value）三种配准方式。如果加速器配备了六维床和 4D-CBCT，则 Alignment 区域将会显示更多功能，本书不做进一步讨论。

建议将手动配准与两个自动配准算法联合起来使用。在使用自动配准算法之前，可能需要使用手动配准进行初步配准修正较大位置偏差以提高自动配准精度；在自动配准完成后，可能需要对结果进行小的手动调整。

手动配准通过鼠标的拖动完成。当鼠标放置在图像中心区域显示![icon]时可以进行图像平移操作；当鼠标放置在图像四周区域显示![icon]时可以进行图像的旋转操作。

只有配准框内（Clipbox）的像素才参与自动配准。骨性结构自动配准适用于骨性结构明显、位置固定且邻近靶区等关注区域的情况，其配准速度较快。灰度值自动配准适用于图像灰阶变化明显的情况，如肺部区域等。灰度值配准算法较慢，计算速度依赖于配准框的大小。临床操作时需要注意：任何自动配准算法完成后都应在三维图像上检查图像的配准结果，而不能完全信任自动配准的结果。

在配准完成后，参考图像相对于获取图像的位置偏差显示在 Position Error 区域。该误差是用以加速器等中心为原点的笛卡尔坐标轴的平移和旋转来表示。如图 6-19 所示，箭头表示旋转和平移的正向。临床操作需要注意的是：在 Position Error 区域展示的误差值是参考图像相对于获取图像的偏差，不能够直接用于修正病人的治疗位置，需要通过 Covert to Correction 功能来计算治疗床的移动值进行治疗位置的修正。如果 Synergy 加速器配备的是 Precise 治疗床，则只能进行平移方向的位置误差修正，该修正仅使校准参考点（Cor Ref Point）匹配重合，而远离校准参考点的位置，由于不能进行旋转修正使得计算所得的治疗床修正量难以补偿全部的位置偏差。这也是选择不同校准参考点误差值会有不同的原因。

配准完成后，如果图像采集 Presets 设置的为在线修正，则自动弹出治疗床移动辐（Table Move Assistant）窗口，如图 6-28 所示。

Relative Set 显示由 XVI 软件计算的治疗床校准位移，Relative Actual 显示治疗床已完成的移动数值和方向。Absolute Actual 显示治疗床的当前位置。红色标记表示治疗床在该方向尚没有修正到位，即 Relative Actual 与 Relative Set 之间超出了容差范围。可以通过进入治疗室手动移床或在控制室远程移床两种方式进行治疗床的修正，消除红色超差标记。远程自动移床（remote automatic table movement）只能在偏差≤ 2cm 时使用，当偏差 > 2cm 时，则只能进入治疗室进行手动移床。治疗床的实际移动值会记录在图像属性的 Message log 中以供日后查看。对于按 IEC1217 标准安装的加速器，治疗床修正值正负分别代表的方向如下（面向机架）：Lateral +，治疗床向右移动；Lateral-，治疗床向左移动；Longitudinal+，进床；Longitudinal-，退床；Vertical+，升床；Vertical–，降床。

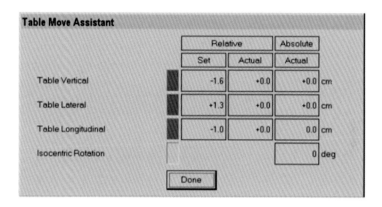

图 6-28　治疗床移动辅助窗口

6.4　基于 Synergy 加速器 XVI 系统图像引导的临床操作

利用 Synergy 加速器的 XVI 系统开展图像引导放疗，可以有效减少摆位误差，提高放射治疗的精确性和准确性；可以在一定程度上减少 CTV 到 PTV 的外放边界（margin），降低危及器官的放疗毒性；可以在放疗过程中，通过采集容积影像来监控病人解剖结构的变化（如消瘦、靶区退缩、膀胱/直肠等危及器官的充盈程度等）进而根据这些变化采取暂停治疗或修改计划的自适应放疗。但是病人在从这项技术获益的同时，也不可避免地获得了额外的辐照剂量，治疗流程也更加复杂，花费的时间和费用也显著增多，放疗医师和物理师应一起权衡使用该项技术的利弊，使病人得到最大的治疗获益。这需要规范化的开展基于 CBCT 的图像引导放射治疗，下面将介绍 IGRT 临床应用的规范化。

6.4.1　图像引导放疗方案

总的来说，图像引导放疗有在线（On-Line）和离线（off-line）两类方案。

1. 在线 IGRT 方案 在线（on-line）方案是指在治疗前获取病人的 CBCT 图像，然后立即进行重建、配准、摆位误差修正或自适应再计划等操作，再进行治疗。对于摆位误差的修正，一种是无论图像配准误差的大小如何均进行修正；另一种是设定阈值（如 2mm，各单位可根据对自身 IGRT 流程的系统误差评估得到本单位的阈值），当误差超过阈值时才进行修正。此外，在线方案中还应包括是否在摆位误差修正后再进行一次图像采集以确认修正效果；是否在治疗完成后再进行一次图像采集以确认治疗过程中病人体位的一致性；当误差超过多少阈值时，或存在旋转误差超过多少度时，需要治疗师进入治疗室重新为病人摆位；当膀胱或直肠出现充盈到何种程度时需要暂停放疗，以及哪些情况（如明显消瘦、误差超过一定阈值、肿瘤或危及器官等解剖结构的变化）需要及时通知医师和物理师来判断是否采取再计划等自适应放疗。

在临床实践中，大分割立体定向放疗一般均需采用在线 IGRT 方案，以保证每次辐照的准确性。对于摆位随机误差大（如肥胖因素造成的随机误差较大）、靶区与危及器官邻近的病人也推荐使用在线方案。

2. 离线 IGRT 方案 离线（off-line）方案是指回顾分析前几次治疗图像引导的结果用以指导、修正后续放疗分次。离线方案能够有效修正系统误差，避免因系统误差产生的累积剂量变化。离线方案适合随机误差相较系统误差较小的情况，随机误差的修正则只能靠在线（on-line）方案。目前在临床最常用的离线 IGRT 方案如下。

病人开始放疗的前几次（一般为前 3～5 次）每次均执行 CBCT 图像引导，然后计算前几次摆位误差的平均值，如果平均误差超过科室预先设定的阈值（如头颈部 3mm、胸腹部 5mm），则进行修正（重新标记等中心位置或再计划），将修正后的结果（新的等中心位置或再计划）运用于后续治疗。后续每周再进行一次 CBCT 图像采集，用于检测随着时间变化可能产生的影响治疗准确性的（如摆位误差的突然变大、病人的明显消瘦、靶区的退缩、危及器官解剖结构的变化等）。离线方案不能很好地修正随机误差，对于治疗随机误差大的病例，建议考虑执行在线方案。

6.4.2 利用 XVI 系统开展 IGRT 的流程

利用 XVI 系统开展图像引导放疗，在原有放疗流程（三维适形或调强放疗）基础上，治疗阶段的步骤有了一定变化，图 6-29 为一个典型的 IGRT 流程图及每个步骤所涉及的岗位。

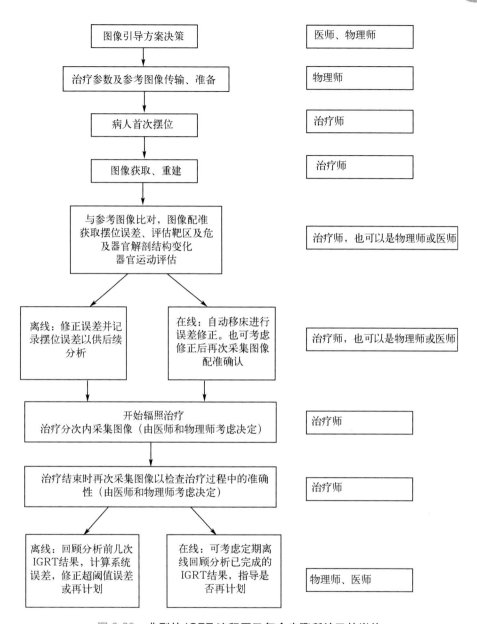

图 6-29　典型的 IGRT 流程图及每个步骤所涉及的岗位

在上述 IGRT 步骤中应注意以下内容。

1. 图像引导方案决策　医师和物理师首先要根据医疗辐射正当化原则及病人的病情特点来权衡选择病人的 IGRT 方案。例如，在线方案还是离线方案？执行图像采集的频次？治疗床修正后是否再采集确认图像？治疗分次内是否采集治疗中图像？治疗完成时是否再采集图像等。因为基于 XVI 系统的图像引导放疗在提高治疗准确性，降低正常组织受量（有可能减少 PTV 范围），减少放射并发症的同时，也不可避免的增加了病人的辐射受量，加大了引起辐射二次癌的可能性。医科达 XVI 临床用户手册（Clinical Mode User Manual for XVI）中给出了不同默认预设（Preset）在对模体（body phantom）执行图像采集后的 $CTDI_{100}$ 和 $CTDI_w$ 测量数值，但这些测量值较难与病人的放疗受量相关联。有文献报道，一次 CBCT 的软组织剂量约是 1cGy，骨组织约是软组织受量的 $2 \sim 3$ 倍。CBCT 引入的成像剂量与球管电压电流（kV、mA）、准直器和滤线板的选择、机架旋转角度等因素有关，物理师有责任以厂家提供的预设（preset）为起点不断优化 IGRT 的流程和各部位的图像采集参数。

2. 治疗参数及参考图像的传输、准备　物理师在从 TPS 传输参考 CT 图像到 XVI 系统时，还应考虑将靶区、危及器官（如脊髓、眼球、肝、肺等）、感兴趣的等剂量线（如处方剂量线和脊髓耐受剂量线）等勾画结构传输至 XVI 系统，以协助图像配准及监控。科室的 IGRT 操作规范中应明确这些操作内容。

3. 图像获取、重建　治疗师根据科室制订的 IGRT 规范针对不同治疗部位选取相应的预设。治疗师也有责任配合物理师不断优化各部位图像采集预设中的参数，原则是在图像质量不影响配准和临床判断的前提下，尽可能提高效率，降低成像剂量（如减少机架旋转角度、改变准直器设置、改变球管电压电流设置等）。这其中机架旋转角度是一个涉及效率和辐射剂量的重要参数。有研究表明，采用加速器旋转半圈扫描 CBCT 的方式就可以获取满足临床需要的影像。采用高分辨率重建方式与中分辨率重建方式重建对配准结果无差异，而采用低分辨率方式重建则会对配准结果产生明显影响。

4. 图像配准　XVI 配准方式包括自动配准（automatic）和手动配准（manual），自动配准又包括骨配准（bone）和灰度配准（grey value）。骨配准主要以配准区域内高密度的骨作为配准计算目标，因此配准速度较快，适合有位置相对稳定的骨性标志的部位；而灰度配准是对配准区域内所有灰度值进行配准，配准时间较长，适用于软组织较多的部位。自动配准后一定要人为检查图像配准结果，在横断、冠状和矢状三个方向上多层面的观察配准结果。如果自动配准结果不满意，可配合使用手动配准。

此外，配准框范围的选择也会影响自动配准结果。同时影像的配准范围决定了自动配准的计算量，相同配准方式下配准范围越大，计算量越大，计算时间也就越长（灰度配准时最明显）。配准范围应根据临床实际进行个体化制订，过小的配准范围可能无法自动配准或是配准错误，如椎体骨配准时，如果匹配范围只包含单个椎体，在摆位误差较大时可能会将该椎体与邻近的椎体进行错误配准；过大的配准范围会降低局部误差，如在鼻咽癌放疗中，配准范围包含整个 PTV，在配准结果较小的情况下仍有较大的局部误差。

5. 误差修正　治疗师除负责对超出预设阈值的摆位误差进行治疗床修正外，还应注意一些特殊情况。例如，摆位误差超出阈值较多，应与物理师一同查找原因（可能为等中心错误、计划 CT 图像错误等）；膀胱、直肠等充盈度差异较大应暂停治疗；病人明显消瘦、靶区或危及器官的解剖结构变化较大时应及时通知医师和物理师一同决策是否重新再计划；当摆位旋转误差较大（如超过 3°），又没有配备六维床无法修正旋转误差时，应进入治疗室重新给病人摆位，若还不能解决应通知物理师一同查找原因。

6. 治疗分次内采集图像　对于具备 4D-CBCT 功能的 XVI 系统可考虑使用分次内图像引导方案，也可将 XVI 系统的平面影像或动态平面影像功能探索应用于治疗分次内图像引导方案。

7. 治疗结束时再次采集图像　治疗后采集图像可用于检查病人在治疗过程中是否有明显的体位变化，但增加了病人的辐射剂量。医师和物理师应慎重考虑。如有光学体表等非辐射类设备将是更好的选择。

8. 回顾分析　离线（off-line）方案一般在病人完成前 3 ～ 5 次治疗后由物理师进行数据分析。物理师计算平均误差并根据科室 IGRT 规程中设定的阈值与医师一同决定是否修正摆位误差，重新标记等中心位置。同时物理师也检查前几次图像引导有无异常情况，及时查找原因并予以解决。后续医师也要每周评估配准情况，以观察肿瘤变化情况。在线（on-line）方案虽然每次治疗前均进行图像采集、配准、分析和误差修正，但定期回顾分析数据趋势可以观察肿瘤变化情况和靶区的合适程度，对治疗的个体化是非常有利的。

6.4.3　IGRT 流程中各岗位职责

IGRT 技术只有通过医师、物理师和治疗师的密切团队协作才能充分发挥其作用，各岗位之间相互了解各自的职责所在也是加强协作的关键。在 IGRT 执行流程中各岗位的职责大致如下。

1. 医师在 IGRT 流程中的职责　肿瘤放疗医师对病人的治疗结果负主要责任，是评估和记录病人 IGRT 结果的关键。在 IGRT 流程中的主要职责如下。

（1）与物理师、治疗师一同制订本科室的 IGRT 操作规范。

（2）对病人进行临床评估，制订治疗方案，选择适合的 IGRT 方案。同时告知病人治疗的性质、目标和风险。

（3）根据 IGRT 的结果并结合物理师、治疗师的建议来权衡确定 CTV 到 PTV 的外放边界（Margin）。

（4）对病人的摆位误差修正进行直接或间接的审核，参与定期回顾分析

IGRT 数据结果。

（5）对于病人体重减轻、靶区或危及器官解剖结构变化等需要采取再计划等自适应方案时，做出最终临床决定。

2. 物理师在 IGRT 流程中的职责   物理师对 IGRT 设备的验收，IGRT 技术的临床试运行（Commissioning），制订 IGRT 操作规范、质量保证规范等负有主要责任。在 IGRT 流程中的主要职责如下。

（1）与医师、治疗师一同主导制订本科室的 IGRT 操作规范。

（2）不断优化图像采集预设中的参数，在保证图像引导质量的前提下，提高效率，降低病人的辐射剂量。

（3）在离线或在线 IGRT 方案中，定期回顾分析 IGRT 结果，决策摆位误差修正，建议医师采取再计划自适应放疗方案。

（4）收集分析本科室各治疗部位的 IGRT 数据，确定 IGRT 操作规范中的各种阈值限定；向医师建议 CTV 到 PTV 的外放边界。

3. 治疗师在 IGRT 流程中的职责   治疗师在开展 IGRT 技术时有更多的职责，在 IGRT 流程中的主要职责如下。

（1）与医师、物理师一同制订本科室的 IGRT 操作规范。

（2）向病人介绍 IGRT 的流程及注意事项。

（3）采集、配准、评估图像。

（4）根据本科室 IGRT 操作规范执行摆位误差修正。

（5）对于病人膀胱、肠道等充盈与计划 CT 不符的情况，应临时暂停治疗。

（6）对于病人消瘦、靶区或危及器官解剖结构变化等情况，应及时通知医师和物理师。

（7）对于超出科室 IGRT 规范范围的情况，应及时通知医师和物理师。

6.4.4　基于 XVI 系统的 IGRT 规程

开展 IGRT 技术应建立针对不同部位肿瘤的 IGRT 应用规程，清楚定义在线或离线 IGRT 的流程；是否需要采用呼吸干预措施；从 CTV 至 PTV 的间距应为多少；采用何种条件采集图像；采用什么样的配准框和配准方式；误差修正的阈值和策略等内容。以下为笔者所在科室一些部位的 IGRT 应用规程，可供读者参考，每个科室都应根据自身情况制订适合本科室的应用规程。

1. 头颈部肿瘤 IGRT 应用规程

（1）物理师将计划 CT 图像从 TPS 传输至 XVI 工作站，同时根据临床需要传输感兴趣的几何结构，用于评价配准效果和辅助监控解剖结构变化。感兴趣的几何结构包括靶区（至少 GTV）、危及器官（脊髓、脑干、眼球、腮腺等）、等剂量线结构（靶区处方剂量线、脊髓 / 脑干 / 晶体的耐受剂量线等）。

（2）治疗师选取头颈模式预设采集图像，使用中分辨率重建 CBCT 图像。头颈模式预设的图像采集参数为：准直器为 S20，滤线板为 F1，机架旋转角度为 160° ～ 320°（总共旋转 200°），曝光条件 100KV、30mA、10ms。

（3）执行图像配准。校准参考点（Cor Ref Point）选取靶区质心（若射野等中心在靶区质心附近则默认选取射野等中心），使用骨性配准，如有必要配合手动配准进行调整。配准框的范围如下。

①鼻咽癌：包括 GTV 区域。前界：鼻尖；后界：枕骨后缘；上界：眉弓；下界：第 4 颈椎下缘；左右界：两侧耳内缘。

②下咽、喉癌：包括 GTV 区域。上界：颅底；下界：第 7 颈椎；两侧界：包括颈部轮廓，以颈椎椎体及气道为配准参考标记。

③颅内肿瘤：包括 GTV 区域、颅骨等刚性骨结构，不包括下巴等活动骨结构。

（4）需要在横断、冠状和矢状三个方向上多层面地观察配准结果。不仅要看骨性结构的对准情况，还要看处方剂量线覆盖 CBCT 图像上靶区范围的情况，以及危及器官耐受剂量线与危及器官的相邻情况。

（5）当任何一个方向的平移误差大于 3mm 或旋转误差大于 2° 时，应进入治疗室让病人坐起来重新摆位并再次获取影像。若仍不能解决问题，则需进一步查找原因，并由计划物理师与医师一同做出决策。

（6）首次治疗的图像引导结果要求治疗师、物理师和医师均进行审核，三方审核通过后方能开展后续治疗。

（7）开始放疗的前 5 次要求每次均进行 CBCT 扫描，以后可以每周 1 ～ 2 次或每次都做。如果为大分割放疗或立体定向消融治疗（stereotactic ablative radiotherapy，SABR），则要求每次均做 CBCT 扫描。

（8）前 5 次放疗完成后，由物理师计算平均误差（评估系统误差），当任一方向的误差超过阈值 3mm 时，物理师与医师达成共识后，可以进行摆位参考标记的调整。若数据波动较大（随机误差较大），则可考虑改为每次均做 CBCT 扫描的在线 IGRT 方案。

（9）在病人放疗的整改疗程中，医师和物理师要每周评估配准情况，既可以观察配准的准确性，也可以观察肿瘤变化情况和靶区的适合程度，作为修改计划的一个参考。

（10）在病人放疗的整个过程中，治疗师如果发现病人有明显的体重变化和体表外轮廓变化，靶区和危及器官的解剖结构变化（如肿瘤进展或退缩、正常组织水肿）等异常情况影响图像配准和治疗时，应及时通报主管医师，进而采取应对措施。

2. 胸部肿瘤 IGRT 应用规程

（1）物理师将计划 CT 图像从 TPS 传输至 XVI 工作站，同时根据临床需要传输感兴趣的几何结构，用于评价配准效果和辅助监控解剖结构变化。感兴趣的几何结构包括靶区（至少 GTV）、危及部位（脊髓、肺等）、等剂量线结构（靶区处方剂量线、脊髓的耐受剂量线等）。如果病人呼吸运动幅度大，宜采用 4D-CT 定位，在最大密度投影图像（maximum intensity projection，MIP）或在各时相图像上分别勾画靶区然后叠加形成 ITV，在平均图像（Mean）上设计计划，并作为 IGRT 应用的参考图像。可考虑使用腹部加压来降低呼吸运动幅度，但需注意确保加压部位和压力的一致性。

（2）治疗师选取预设采集图像。

①肺癌：根据靶区位于左肺还是右肺分别选取 Lung-M20-Left 或 Lung-M20-Right，使用中分辨率重建 CBCT 图像。图像采集参数为准直器为 M20，滤线板为 F1；机架旋转角度为：左（Left）为 $180°\sim335°$，右（Right）为 $-180°$ 至 $25°$（总共旋转 $205°$）；曝光条件为 120kV、40mA、40ms。若想获取更好图像质量则机架旋转角度为 $-180°\sim180°$（共 $360°$）。

②食管、纵隔等肿瘤：当射野长度 < 10cm，选 Chest-M10，射野长度 > 10cm 时，选 Chest-M20，使用中分辨率重建 CBCT 图像。图像采集参数为准直器为 M10 或 M20，滤线板为 F1；机架旋转角度为 $160°\sim320°$（总共旋转 $200°$）；曝光条件为 120kV、40mA、40ms。为获取更好图像质量则机架旋转角度为 $-180°\sim180°$（共 $360°$）。

③乳腺癌：根据靶区位于左乳还是右乳分别选取 Breast-M20-Left 或 Breast-M20-Right，使用中分辨率重建 CBCT 图像。图像采集参数准直器为 M20，滤线板为 F1；机架旋转角度为：左（Left）为 $180°\sim335°$，右（Right）为 $-180°$ 至 $25°$（总共旋转 $205°$）；曝光条件为 120kV、40mA、40ms。为获取更好图像质量，则机架旋转角度为 $-180°\sim180°$（共 $360°$）。

（3）执行图像配准：校准参考点选取靶区质心（若射野等中心在靶区质心附近则默认选取射野等中心）。如果肿瘤与附近的骨结构（如椎体）相对位置固定，宜采用骨配准；对于肺内孤立性病灶，宜采用灰度配准；如有必要配合手动配准进行调整。配准框的范围如下。

①肺癌：包括 PTV 区域并在三维方向上各外放 2cm。如肿瘤与附近的骨结构（如椎体）相对位置固定，配准框应包括这些骨结构，不要包括（或包括太多）肩胛骨、肱骨头。

②食管、纵隔等肿瘤：包括 PTV 区域并在三维方向上各外放 2cm，包含椎体、

棘突、肺尖和部分胸骨。

③乳腺癌：包括全乳和一部分胸骨，尽量少包括肩胛骨、肱骨头，不要包含椎体。

（4）以肺窗为准必要时参考纵隔窗，在横断、冠状和矢状 3 个方向上多层面地观察配准结果。不仅要看骨性结构的对准情况，还要看在 CBCT 图像上可见的肿瘤与 GTV 轮廓线的对准情况，以及看处方剂量线覆盖 CBCT 图像上靶区范围的情况和危及器官耐受剂量线与危及器官的相邻情况。

（5）当任何一个方向的平移误差大于 5mm 或旋转误差大于 3° 时，应进入治疗室让病人坐起来重新摆位并再次获取影像。若仍不能解决问题，则需进一步查找原因，并由计划物理师与医师一同做出决策。

（6）首次治疗的图像引导结果要求治疗师、物理师和医师均进行审核，三方审核通过后方能开展后续治疗。

（7）开始放疗的前 5 次要求每次均进行 CBCT 扫描，以后可以每周 1～2 次或每次都做。如果为大分割放疗或立体定向消融治疗（stereotactic ablative radiotherapy，SABR），则要求每次均做 CBCT 扫描。

（8）前 5 次放疗完成后，由物理师计算平均误差（评估系统误差），当任一方向的误差超过阈值 5mm 时，物理师与医师达成共识后，可以进行摆位参考标记的调整。若数据波动较大（随机误差较大），则可考虑改为每次均做 CBCT 扫描的在线 IGRT 方案。

（9）在病人放疗的整改疗程中，医师和物理师要每周评估配准情况，既可以观察配准的准确性，也可以观察肿瘤变化情况和靶区的适合程度，作为修改计划的一个参考。

（10）在病人放疗的整个过程中，治疗师如果发现病人有明显的体重变化和体表外轮廓变化，靶区和危及器官的解剖结构变化（如肿瘤进展或退缩、肺不张增加或减少、胸腔积液变化、出现肺炎影像）等异常情况影像图像配准和治疗时，应及时通报主管医师，进而采取应对措施。

（11）必须注意的是，胸部受呼吸影响较大，在做图像配准时应综合评估，不能以单一或少数器官位置作为误差分析参考，应对整体进行综合评估以得出误差值。

3. 腹部肿瘤 IGRT 应用规程

（1）物理师将计划 CT 图像从 TPS 传输至 XVI 工作站，同时根据临床需要传输感兴趣的几何结构，用于评价配准效果和辅助监控解剖结构变化。感兴趣的几何结构包括靶区（至少 GTV）、危及器官（膀胱、直肠等）、等剂量线结构（靶区处方剂量线等）。可考虑使用腹部加压来降低呼吸（膈肌）运动幅度，但需注意确保加压部位和压力的一致性。

（2）治疗师选取 Abdomen-M20 预设（Preset）采集图像，使用中分辨率重建 CBCT 图像。图像采集参数为准直器为 M20，滤线板为 F1；机架旋转角度为 $100°\sim 260°$（总共旋转 $200°$），曝光条件为 120kV、40mA、40ms。若需要更好的图像质量，则可选取 Abdomen-M20-full 预设（Preset）采集图像，其机架转角为 $-180°\sim 180°$（总共旋转 $360°$）。

（3）执行图像配准。校准参考点选取靶区质心（若射野等中心在靶区质心附近则默认选取射野等中心）。如果肿瘤与附近的骨结构相对位置固定，宜采用骨配准；当胃、肝、前列腺等处有明显灰阶差别时（如肝肿瘤碘油造影等），可考虑采用灰度配准；如有必要配合手动配准进行调整。配准框的范围如下。

①肝、胃癌等：包括 PTV 区域并在三维方向上各外放 2cm。如肿瘤与附近的骨结构（如椎体）相对位置固定，配准框应包括这些骨结构。

②膀胱、前列腺、直肠部肿瘤及妇科肿瘤等：包括 PTV 区域并在三维方向上各外放 2cm，包括盆腔内刚性的骨结构，尽量少包括股骨头等。

（4）在横断、冠状和矢状三个方向上多层面地观察配准结果。若 CBCT 图像上可见肿瘤，则检查与 GTV 轮廓线的对准情况。检查膀胱和直肠的体积。如果体积与计划 CT 不一致，由治疗师决策是否继续本次治疗。

（5）当任何一个方向的平移误差大于 5mm 或旋转误差大于 $3°$ 时，应进入治疗室让病人坐起来重新摆位并再次获取影像。若仍不能解决问题，则需进一步查找原因，并由计划物理师与医师一同做出决策。

（6）首次治疗的图像引导结果要求治疗师、物理师和医师均进行审核，三方审核通过后方能开展后续治疗。

（7）开始放疗的前 5 次要求每次均进行 CBCT 扫描，以后可以每周 $1\sim 2$ 次或每次放疗都做。如果为大分割放疗或立体定向消融治疗（stereotactic ablative radiotherapy，SABR），则要求每次均做 CBCT 扫描。

（8）前 5 次放疗完成后，由物理师计算平均误差（评估系统误差），当任一方向的误差超过阈值 5mm 时，物理师与医师达成共识后，可以进行摆位参考标记的调整。若数据波动较大（随机误差较大），则可考虑改为每次均做 CBCT 扫描的在线 IGRT 方案。

（9）在病人放疗的整个疗程中，医师和物理师要每周评估配准情况，既可以观察配准的准确性，也可以观察肿瘤变化情况和靶区的适合程度，作为修改计划的一个参考。

（10）在病人放疗的整个过程中，治疗师如果发现病人有明显的体重变化和体表外轮廓变化，靶区和危及器官的解剖结构变化（如肿瘤进展或退缩、数次

治疗胃 / 膀胱 / 直肠等充盈情况与计划 CT 不符）等异常情况影像图像配准和治疗时，应及时通报主管医师，进而采取应对措施。

（11）由于腹部器官位置受较多因素影响，故在做配准时，不能以单器官边界作为误差分析参考，应对整体进行综合评估以得出误差值。

6.4.5　基于 CBCT 的图像引导技术对 PTV 外放边界的影响

计划靶区（PTV）是为保证临床靶区（CTV）获得足够的处方剂量，考虑摆位误差边界（setup margin，SM）和器官运动造成的内边界（internal margin，IM）两个因素影响，而在 CTV 基础上外扩一定边界形成的靶区结构。此外，在 CTV 与危及器官邻近的区域，CTV 的外扩还必须在 CTV 欠剂量和放射性不良反应之间进行考虑。

摆位误差受到不同的固定装置、不同的放射治疗相关设备、不同的病人人群、不同治疗部位及不同的放射治疗师群体等因素影响。因此，每一个放射治疗单位应该利用本单位现有的图像引导放疗设备，对本单位每一个放射治疗部位的摆位误差进行系统评测。临床上常用 Van Herk 等提出的公式计算 PTV 外放边界：

$$m_{\mathrm{PTV}} = \alpha\, \Sigma + \beta\, \sigma - \beta\, \sigma_p$$

其中 Σ 是所有病例平均摆位误差的标准差；σ 是所有病例摆位误差标准差的平均值；σ_p 是射野半影宽度的标准差。α 和 β 是取决于病例和 CTV 覆盖范围的比例系数。在假定辐射半影一定，多分次放疗，且确保 90% 的病人的 CTV 被处方剂量 95% 的等剂量线完全覆盖的前提下，上述公式简化为：

$$m_{\mathrm{PTV}} = 2.5\Sigma + 0.7\sigma$$

通过这个公式可以计算摆位误差边界（setup margin，SM）。在数据选择方面：对于离线方案，收集分析前 5 次 IGRT 后（若摆位误差超出阈值限定需进行摆位参考标记的调整）的每次的摆位误差数据（即除外前 5 次的 IGRT 数据）。对于在线方案，收集执行完摆位误差修正后的数据（在进行摆位误差修正后再采集一次 CBCT 图像），并取多名工作人员配准结果的平均值。这样可以分别得到科室基于 CBCT 图像引导技术在线方案和离线方案的摆位误差边界。

对于病人体内的器官运动（呼吸运动），不同的病人、不同的部位会存在个体化的差异。可以通过 4D-CT 或平面透视影像等方法来评估病人的器官运动，形成个体化的器官运动内边界（internal margin，IM）。可通过内靶区（ITV）的概念将由于体内器官运动对 PTV 外放边界的影响考虑进来。

此外，由于较难评估医师勾画靶区的不确定性等因素，因此每个科室在利用 CBCT 减少 CTV 到 PTV 的外放边界时，均应慎重考虑。

6.5 利用 Mosaiq 系统开展离线图像审核

如果 Mosaiq 系统购置了图像存储审核功能模块，则可以借助此功能开展图像引导的离线图像审核工作。工作流程为治疗师在拍摄完 iViewGT 或 XVI 影像后将影像上传至 Mosaiq 服务器数据库，医师或物理师远程登录 Mosaiq 工作站进行审核。

6.5.1 平面影像的离线审核操作

1. 登录 Mosaiq，选择需要复位离线审核的病人，点击影像。物理师需上传参考 DRR 图像至 Mosaiq 并关联相应的摆位验证射野，该步骤流程如图 6-30 所示。

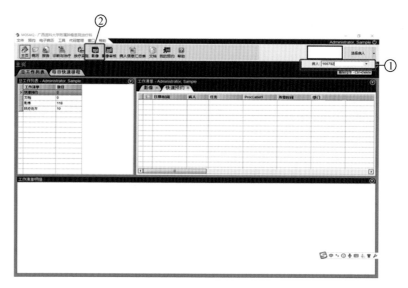

图 6-30 **Mosaiq 系统平面影像的离线审核操作步骤 1 示意图**
①输入病人 ID，按回车键，打开病人信息页；②点击"影像"，进入病人影像列表

2. 进入病人影像列表。类型为 Portal 的影像（iViewGT 射野验证片，也可是数字模拟机传来的平面影像）为摆位影像，LEFT 为 90°，ANTER 为 0°。在影像列表按键盘 Ctrl 键，选择两幅审核图像，点击审核，进入审核界面，该步骤流程如图 6-31 所示。

3. 如果影像为模拟机传输过来的图像，需将其类型改成 KV Portal，并且关联其 DRR 射野。在影像列表，双击打开影像，右键点击影像信息，将关联改为射野，并选择对应的 ANTER/Left，射野类型改为 kV Portal。如果影像是由 iViewGT 拍摄的射野验证片则类型直接为 Portal，该步骤流程如图 6-32 所示。

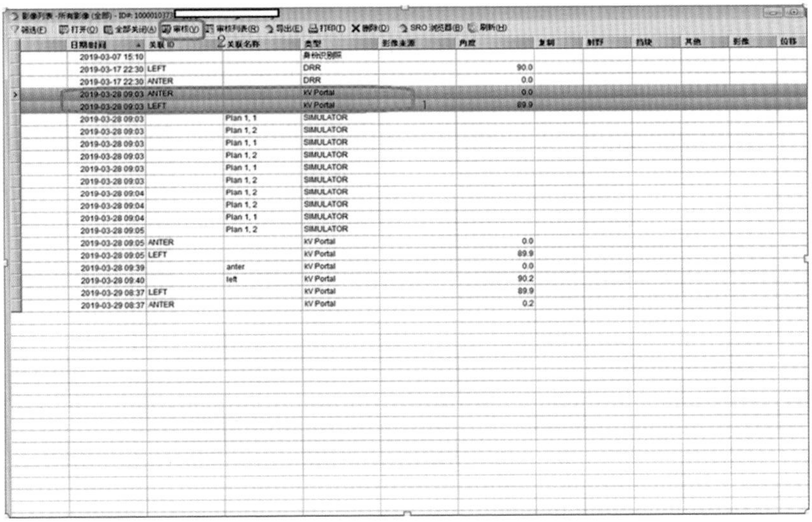

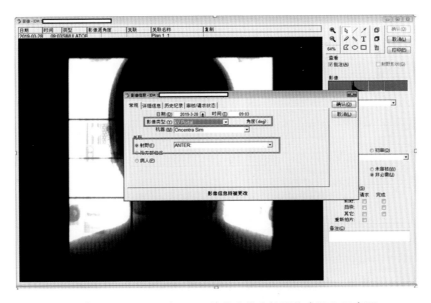

图 6-31　Mosaiq 系统平面影像的离线审核操作步骤 2 示意图

图 6-32　Mosaiq 系统平面影像的离线审核操作步骤 3 示意图

4. 进入审核界面后，右下角出现配准按钮，如图 6-33 所示。

5. 点击配准按钮，进去配准界面。选择影像，选择 AHE 的窗宽床位和手动配准方式。点击右上角计算位移，如图 6-34。也可使用自动配准功能，但需人工检查配准结果。

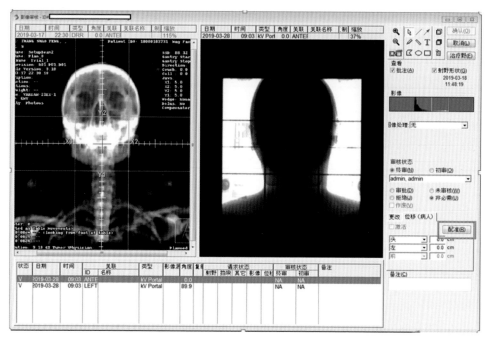

图 6-33　Mosaiq 系统平面影像的离线审核操作步骤 4 示意图

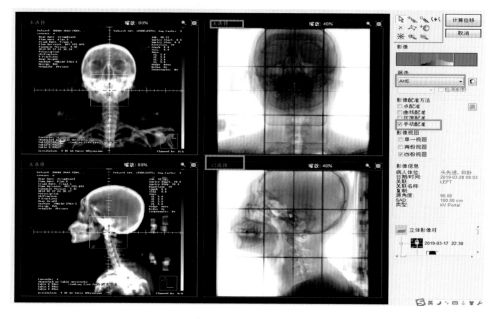

图 6-34　Mosaiq 系统平面影像的离线审核操作步骤 5 示意图

6. 鼠标左键在图像上可拖动影像,右键可以重置影像。如需要查看影像配准,可按住键盘 Ctrl 键,鼠标左键拖动影像。左侧可以调整显示方式,右下角表示配准位移。配准完后,点击右上角确认即可,如图 6-35。

7. 配准完成后,查看偏差。物理师先进行初审,然后医师终审,选择完后点击右上角确认即可,如图 6-36。

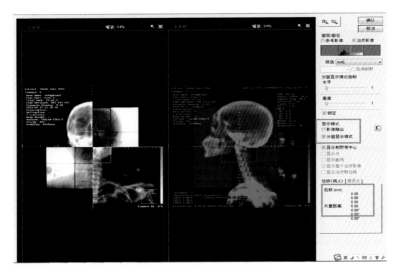

图 6-35　Mosaiq 系统平面影像的离线审核操作步骤 6 示意图

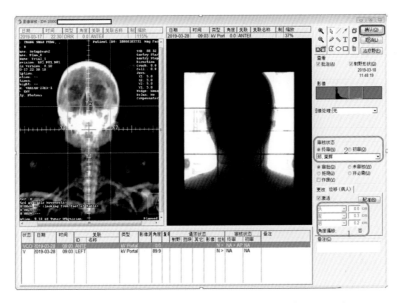

图 6-36　Mosaiq 系统平面影像的离线审核操作步骤 7 示意图

6.5.2 XVI 影像的离线审核操作

1.登录 Mosaiq 后，选择需要复位离线审核的病人，点击影像，如图 6-37。物理师需上传计划 CT 参考图像，治疗师需上传 CBCT 拍摄的图像至 Mosaiq。

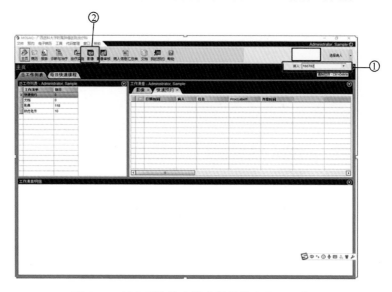

图 6-37　XVI 影像的离线审核操作步骤 1 示意图

①输入病人 ID，按回车键，打开页面；②点击"影像"，进入病人影像列表

2.进入病人影像列表。选择 CBCT 影像。（不是双击）点击审核按钮，如图 6-38。

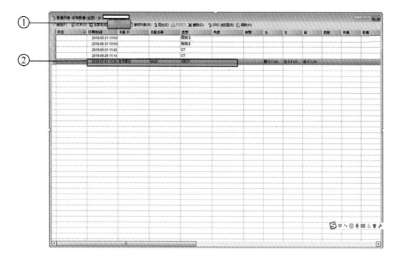

图 6-38　XVI 影像的离线审核操作步骤 2 示意图

①选择 CBCT 影像，点击"审核"，进入审核列表；②影像列表类型为 CBCT，是 2 号机摆位是影像

3. 在影像审核界面，可以看到参考影像（CT）和 CBCT 影像工具栏，可选择工具查看配准结果。点击开始即可离线配准，如图 6-39。可修改自动配准的配准框范围。也可手动配准。

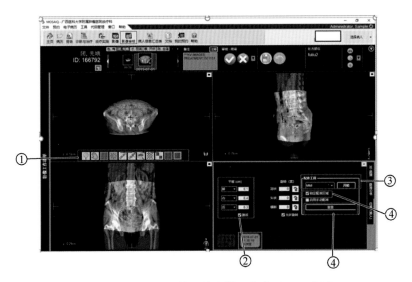

图 6-39 XVI 影像的离线审核操作步骤 3 示意图
①工具栏 ；②配准结果 ；③离线配准 ；④修改配准框

4. 查看影像无误后，按下列图片标识顺序操作：选择自己名字，点击审核，最后点击保存即完成影像审核，如图 6-40 所示。

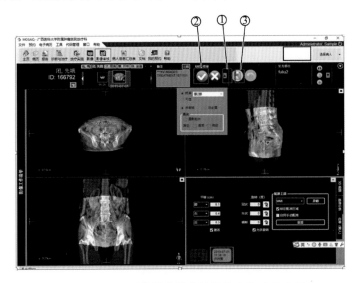

图 6-40 XVI 影像的离线审核操作步骤 4 示意图
①选择名字 ；②审核确认 ；③保存

第7章

六维床系统的操作

　　精确放疗的发展趋势是不断提高放疗各个环节的精确性和准确性，影像引导放疗技术可以检测到靶区的摆位偏差，要求加速器的治疗床不仅能够自动在线校正，而且能够实现除了 X、Y、Z 三个平移方向的误差纠正，还能够进行绕 X、Y、Z 三个方向的旋转运动。医科达的 HexaPODevo RT 六维床系统是全新一代的全自动患者定位系统，6 个方向的自由移动，可实现对患者进行任意方向上的精确定位，精度可达亚毫米级。六维床系统包括两部分：安装在医科达标准治疗床体（Precise Treatment Table）上的六维床面（HexaPODevo RT Couchtop），用于支持和协助病人定位；以及用于控制六维床面的 iGUIDE 软件，如图 7-1 所示。

图 7-1　六维床系统

① iGUIDE 追踪系统；② HexaPODevo RT 治疗床面；③ iGUIDE 定位框架

7.1 六维床的系统组件

六维床系统的全部组件如图 7-2 所示，各组件均安装在各自的场所。

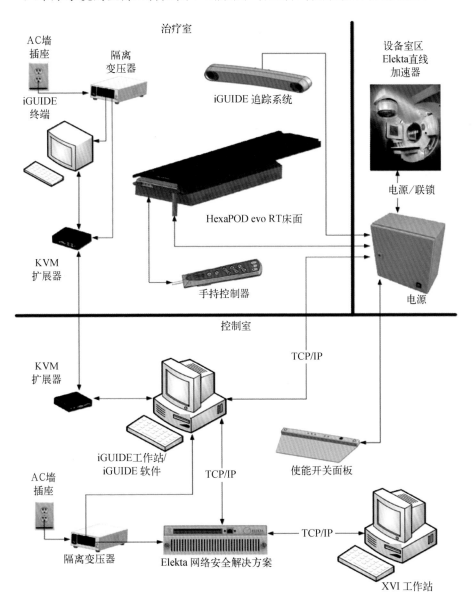

图 7-2 **六维床系统的组件**

7.1.1　六维床系统电源箱

电源箱如图 7-3 所示，位于设备室，为自动治疗床面和摄像机提供电力支持。主电源开关位于电源箱的前面，按下主电源开关以打开或关闭电源箱。

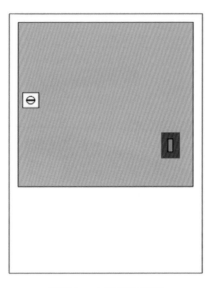

图 7-3　六维床电源箱

注意：
- 电源箱只在直线加速器的电源接通时供电。
- 没有厂家的明确说明时，不要将任何设备与隔离变压器或电源箱相连接，这样能会降低安全等级。
- 不要使用多个插座或延长线连接隔离变压器或电源箱。

7.1.2　六维床系统的治疗床面

图 7-4 显示的是自动治疗床面，右侧显示的是放大后的控制面板示意图，具体每个图标所代表的功能如表 7-1 所示。自动治疗床面有 6 个独立运作的提升装置，使得它具有 6 个自由度的校正空间，使得自动治疗床面能够在指定的运动限制内平移（沿 3 个轴），旋转（绕 3 个轴），以实现精确定位。其中自动治疗床面有两个主要操作位置：LOAD（加载）位置和 START（启动）位置。LOAD 位置是最低的位置，用来帮助患者上下自动治疗床面的。START 位置是用来开始定位的位置。该位置是自动治疗床面定位时运动范围最大的位置。为了适应临床需求，六维床系统适配了几个延长板（表 7-2），通过床面两侧的固

定配件来固定，如图 7-5。在临床条件下测定的六维床系统碳纤维床面及相关延长板的中央基准衰减（垂直入射）减是：6MV 2.4%，10MV 1.9%。

图 7-4　六维床系统的治疗床面及其控制面板

表 7-1　治疗床面控制面板上的按钮

图标	描述
	电源 LED 灯
	打开：自动治疗床面从电源箱得到供电
	关闭：不对自动治疗床面供电
	系统打开按钮，系统打开 LED 灯
	打开按钮用于开启自动治疗床面
	LED 灯在自动治疗床面启动或运行时点亮
	加载（LOAD）按钮
	按下此按钮，同时按下手控盒上的启用按钮来移动自动治疗床面至加载位置
	系统关闭按钮
	按住此按钮，直到自动治疗床面关闭（约 4s）

表 7-2　治疗床面的标准延长板

延长板名称	延伸长度	外观	临床需求
体部延长板	650mm		下腹部肿瘤
头颈延长板	400mm		头颈肿瘤

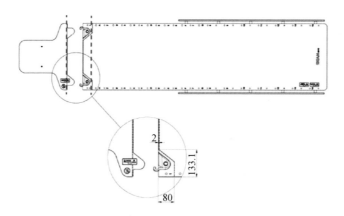

图 7-5　治疗床面的延长板适配示意图

7.1.3　六维床的定位范围

六维床面有 6 个独立运作的提升装置，使床面能够在指定的运动限制内平移（沿着 X、Y、Z 三个轴）、旋转（绕着 X、Y、Z 三个轴），使得它具有 6 个自由度，以实现精确定位。图 7-6 给出了六维床在 START 位置时可用于定位的一个近似运动范围，具体的平移方向定位范围如表 7-3 所示，旋转方向的定位范围如图 7-7 所示。

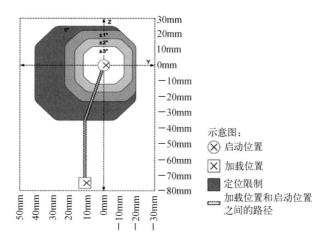

图 7-6　六维床的运动范围示意图

表 7-3　平移方向的定位范围

Y 轴（GT 方向）	X 轴（AB 方向）	Z 轴（Top/Bottom 方向）
+41mm	+30mm	+25mm
−19mm	−30mm	−35mm

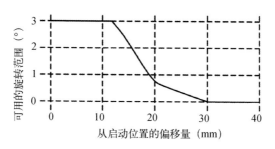

图 7-7　六维床在旋转方向的定位范围及依赖性

如图 7-6 和图 7-7 所示，当六维床距离 DRIVE 位置 12mm 内时，其围绕 3 个轴的旋转范围是 3°，如果六维床仅围绕一个轴旋转时，则有效旋转范围将更大；当距离 DRIVE 位置 12mm 以上时，旋转范围也相应减小。

注意：

如果所需运动超出了六维床的运动范围，则应相应地移动治疗床体（Precise Treatment Table）进行运动补偿。

7.1.4　六维床系统的定位精度

由于存在旋转误差，C 形框架安装位置距离等中心不得超过 650 mm，以保证规定的系统平移精度。如果定位框架距离等中心超过 650 mm，iGUIDE 软件将要求进行第二次 CBCT 扫描进行验证。表 7-4 显示了六维床系统的平移和旋转精度。

表 7-4　六维床系统的平移和旋转精度

六维床精度	95% CI	最大误差
平移误差	< 0.5mm	< 1.0mm
旋转误差	< 0.025°	< 0.05°

7.1.5　手控盒

治疗床面的定位是通过手控盒（HHC）（图 7-8）来手动定位的，其面板上的各个按钮所代表的运动功能如表 7-5 所示。自动治疗床面在临床应用中，一般有两种运动模式：连续运动和逐步运动。当同时按下一个运动按钮和一个启用按钮时，自动治疗床面将相应运动，直到它到达相关轴向的限位挡块，或直到运动完成。一旦运动完成，运动待定 LED 灯将熄灭，该项操作称为连续运动。如果短暂地按下任一运动按钮同时按下任一启用按钮，自动治疗床面将往相应方向运动 0.5mm，即为逐步运动。

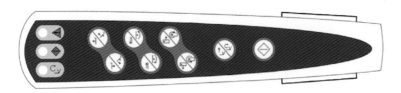

图 7-8　手控盒的面板示意图

表 7-5　手控盒上面板上的按钮

图标	描述
	旋转 / 平移 LED 灯 打开：启动旋转运动 关闭：启动平移运动
	运动待定 LED 灯 打开：出现一个运动请求。按操作按钮和启用按钮，允许运动 　执行 关闭：无运动请求 当您按下运动按钮时，运动待定 LED 灯亮起
	未使用
	运动按钮 各个按钮上的标签显示相应的运动。按住启用按钮和任一运动 　按钮，移动自动治疗 床面的 旋转 / 平移 LED 灯显示，旋转或平移是否启动
	旋转 / 平移按钮 按下此按钮在旋转和平移之间切换 旋转 / 平移 LED 灯显示，旋转或平移是否启动
	操作按钮 操作按钮必须与启用按钮一同按下来允许待定的运动运动待定 　LED 灯）执行

续表

图标	描述
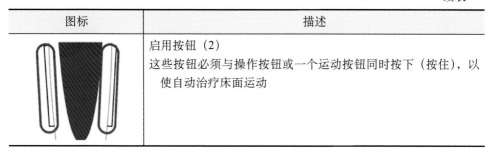	启用按钮（2） 这些按钮必须与操作按钮或一个运动按钮同时按下（按住），以使自动治疗床面运动

7.1.6　EnableSwich 板

当 iGUIDE 软件向自动治疗床面发送定位指令时，需要启用手控盒的运动启用按钮，或者按下控制室内的 EnableSwich 面板（ESB）上的两个操作按钮，治疗床面才会根据指令做相应的移动。图 7-9 和表 7-6 所示是 ESB 上可用的按钮和指示灯及其描述。

图 7-9　EnableSwich 面板示意图

表 7-6　ESB 上可用的按钮和指示灯

图标	描述
	EXTERNAL INHIBIT（外部抑制）LED 灯 打开：六维床系统设置了 EXTERNAL INHIBIT 的联锁，限制直线加速器的治疗 关闭：无联锁（可进行治疗） 将 iGUIDE 键旋至 iGUIDE 关闭以解除这个禁止
	加速器就绪 LED 灯 打开：自动治疗床面可移动（如果治疗时 LED 灯是关闭的） 关闭：不能移动自动治疗床面运动 加速器就绪 LED 灯包括所有防止运动的安全联锁（例如碰撞防护）
	治疗射束 LED 灯 打开：加速器正在出束，治疗床面运动被限制 关闭：无射束，治疗床面可以移动（如果加速器就绪 LED 灯开启） 注意：留意在 ESB 上的射束 LED 灯：如果指示灯在治疗过程中熄灭，关闭系统服务，并联系技术人员

续表

图标	描述
	运动待定 LED 灯 打开：出现一个运动指令，并可以启用 关闭：无运动指令 此 LED 灯对应手控盒上的运动待定 LED 灯
	六维床打开 LED 灯 打开：治疗床面电源开启 关闭：治疗床面电源关闭 此 LED 灯对应治疗床面的控制面板上的六维床开启 LED 灯
	iGUIDE 键 iGUIDE 打开（12 点钟位置）：如果患者治疗位置不对，六维床系统可 　以阻止辐射 iGUIDE 关闭（3 点钟位置）：六维床系统无法限制出束。同时， 　iGUIDE 软件已关闭 在 iGUIDE 关闭位置，治疗可以在不使用六维床系统的情况下进行
	操作按钮（2） 控制面板上的这两个按钮必须同时按下，以驱动治疗床面的运动

7.1.7　iGUIDE 追踪系统

摄像机（图 7-10）经由电源箱连接，当有电力供应时，电源 LED 灯将开启。一旦相机达到工作温度，状态指示灯会亮起。在应用六维床系统进行患者定位时，摄像机必须提前进行 30min 的预热。

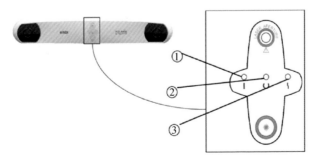

图 7-10　**摄像机**
①电源 LED 灯；②状态 LED 灯；③故障 LED 灯

对于摄像机上的 3 种 LED 灯均有不同的含义，如表 7-7 所示。由于摄像机是通过红外光检测定位框架上标记的位置来进行定位的，所以，对于任何直接投向摄像机的光源和将光线反射甚至聚焦在摄像机上的物体，均可能干扰摄像机的检测精度，从而导致不准确的患者定位并引发临床误治疗的后果。因此，在治疗室中应移除所有指向摄像机的光源，和所有向摄像机聚焦或反射光线的物体。

表 7-7　摄像机上的 LED 灯

电源 LED 灯	状态 LED 灯	故障 LED 灯	iGUIDE 追踪系统状态
闪烁	任意状态	任意状态	位置传感器正在预热。当位置传感器准备跟踪时，电源 LED 灯将停止闪烁，稳定发光
稳定发光	稳定发光	关闭	位置传感器可以使用，无故障
任意状态	任意状态	闪烁或稳定发光	已检测到一个错误。仅可由服务技术员修正错误

7.1.8　iGUIDE 定位框架

临床治疗时，患者摆位后，将 C 形碳纤维定位框架（图 7-11）安装在自动治疗床面上，摄像机通过跟踪定位框架顶端的 6 个红外光学标记检测出准确的患者体位。

图 7-11　带有红外光学标记的 C 形碳纤维定位框架

①红外光学标记；②鼻翼 - 指向机架；③锁定按压扣（红色）；④底板（用于安全存放定位框架）

注意：请勿触摸定位框架的光学标记。标记的摆放可能被打乱，可能使其失去反射特性

7.1.9   iGUIDE 软件界面

见图 7-12。

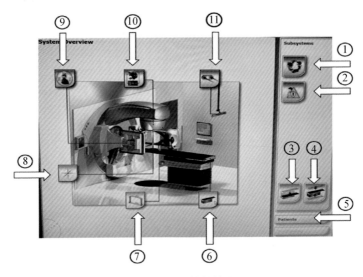

图 7-12   iGUIDE 软件的主要界面

①连接功能键：鼠标点击即可启动与六维床系统相连接的其他子系统之间的连接检测；②一键运行检查：自动地逐一执行所有的安全检查。如子系统中某一环节出现问题，则相应图标的将显示黄色边框；③六维床面的 LOAD 位置：将自动治疗床面移动到其最低位置，在该位置方便患者上下治疗床；④六维床面的 START 位置：将治疗床面移动到其开始位置。该位置具有最佳的运动范围；⑤患者管理：临床中，完成日常 QA 后，即可进入患者的临床模式进行摆位和误差校正；⑥六维床定位系统：检测六维床是否与 Precise Treatment Table 顺利连接上，其安全监测是否已通过；⑦ C 形定位框架：检测摄像机是否能追踪到安装在治疗床上的 C 形定位框架；⑧等中心管理：检测是否有有效的等中心，是否有必要进行系统校准；⑨影像系统：检测 iGUIDE 工作站和当前加速器的影像系统之间是否存在通信问题；⑩连锁检查：检测六维床系统与加速器之间的 EXTERNAL INHIBIT 是否已解锁；⑪摄像机连接：移动六维床面，检测摄像机测量的运动是否与预期结果一致

7.2   六维床系统的临床工作流程

7.2.1   六维床系统的坐标系

三个线性方向（Translation）和三个旋转方向（Rotation）的坐标系均与 IEC61217 规定的保持一致，如图 7-13 所示。用于位置误差校正则与该坐标系

不同，使用的是反转的 Synergy 坐标系，如图 7-14 所示。

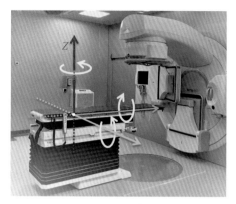
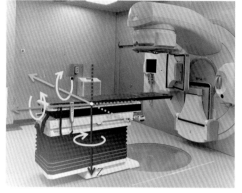

图 7-13 　有 6 个自由度的六维床坐标系 　　图 7-14 　基于 Synergy 坐标系的反转坐标系

7.2.2　六维系统进行患者定位的原理

患者定位过程中，要达到精确定位，治疗靶区的位置必须使用成像系统（如 XVI）。扫描治疗等中心周围的三维组织结构并进行重建，然后经过与家华参考图像进行配准，计算出当前体位与治疗计划系统的体位之间的中心偏移量，即为位置误差（Position Error，PE）值。XVI 系统将配准得出的 PE 值传输到 iGUIDE 软件（自动或手动，取决于系统配置）。iGUIDE 软件将 PE 值转换为自动治疗床面的运动指令，技师执行治疗床的远程自动移动操作，使治疗靶区对准所需的等中心点。

7.2.3　工作流程图

见图 7-15。

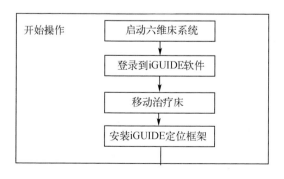

图 7-15　六维床系统的工作流程图

7.2.4　临床操作步骤

1. 预热　打开六维床系统的自动治疗床面和摄像机的电源，请等待至少 30min，完成预热（图 7-16）。

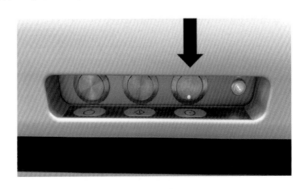

图 7-16　六维床系统的床面开启按钮

2. 打开工作站并登录 iGUIDE 软件　当工作站打开时，iGUIDE 软件自动启动。输入您的 iGUIDE 用户名和密码登录（图 7-17）。

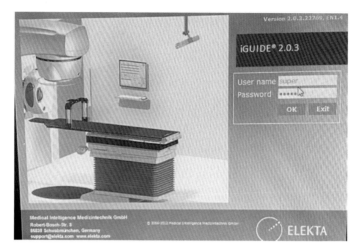

图 7-17　iGUIDE 登录界面

3. 执行安全性检查　每个工作日首次开始执行 iGUIDE 软件时，均必须执行安全检查并成功完成检查。单击 Run checks（运行检查）　，系统将自动地进行六维床面是否启用、相关性、连锁和等中心是否匹配等项目的逐一检查。

● 六维床面是否启用这项检查，将确认 ESB 上的操作按钮以及 HHC 上的操作和启用按钮是否卡在打开位置。

● 相关性检查时，为避免碰撞及机架遮挡定位框架，所以在开始相关性检查之前建议将机架移至 180°，且把定位框架安装在治疗床的 Slot A 上。iGUIDE 工作站将向自动治疗床面发送移动指令。摄像机将验证实际移动与预期移动是否相符。

● 为了确保六维床系统在患者不在治疗位置时能中断直线加速器的出束，系统设置了直线加速器的 EXTERNAL INHIBIT（外部抑制）信号。连锁检查时，单击 Run checks（运行检查）按钮后，检查序列中的 Interlock Check（联锁检查）就会开始运行。

● 等中心检查时，六维床系统将移动自动治疗床面，使定位框架与室内激光对准，以验证系统的等中心值是否发生改变。

所有检查项目成功完成后，如图 7-18 所示，则可继续进行 iGUIDE 软件的操作，进行患者治疗。如检查未通过，则应联系系统管理员或物理师或维修工程师进行系统检查和校准。

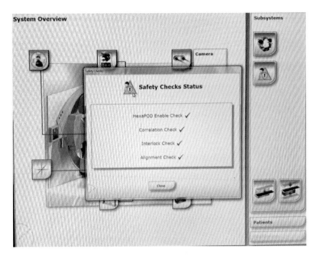

图7-18　系统软件成功完成安全检查

4.患者治疗　在 iGUIDE 软件界面中登入 Patient(患者)管理窗口,如图7-19
所示。在开始治疗前,可通过添加患者的功能将首次治疗的患者信息录入数据
库,也可通过查找功能调出已添加的患者信息,选择相应的治疗部位（Treatment
Site Overview）,并进入 Positioning 定位窗口（图7-20）,六维床系统将提示移
动治疗床面至 START（启动）位置 ，然后即可进行患者治疗前的摆位固定,
并安装 C 形定位框架。

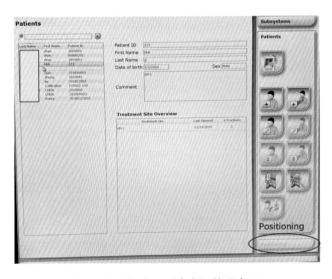

图 7-19　Patient（患者）管理窗口

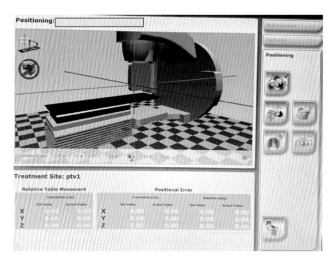

图 7-20　Positioning 定位窗口

后续工作如下：

● 执行成像：kV 容积图像扫描，重建 3D 图像，配准图像，得出误差值。

● 位置误差传输：成像系统 XVI 将向 iGUIDE 软件发送摆位误差 PE 的校正值，并向治疗床面发送移动指令（图 7-21）。

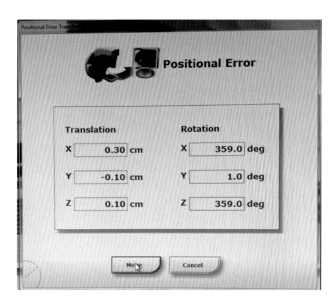

图 7-21　XVI 系统传输至 iGUIDE 软件的位置误差

● 执行位置误差校正：使用控制室的 ESB 或治疗室的 HHC 启动自动治疗

床面的运动功能，将患者移动至期望的治疗位置，即完成患者的治疗前摆位，开始该治疗分次的治疗。

7.2.5 注意事项

● 确保摄像机接通后至少等待 30min 的预热时间，再执行日常的安全检查或系统校准。

● 在每天治疗开始之初，必须进行安全检查，以确保六维床系统正常地、安全地工作。

● 如果所需运动超出了六维床的运动范围，则应相应地移动治疗床体 (Precise Treatment Table) 进行运动补偿。

● 在同一时间只能由一人通过操作 ESB 或 HHC 控制六维床系统及其组件。

● 安装 C 形定位框架时，请确保其在定位过程中与治疗中心的距离小于 650 mm，并按照要求安装到对应的插槽上，"鼻翼"必须指向机架。

第三篇

物 理 师 篇

第8章

Synergy医用直线加速器质量保证

　　根据 1995 年国际标准化组织（ISO）的定义：质量保证（QA）指为得到满足一定的质量需求而制订的所有计划，和保证计划的执行具有足够可靠性所必需的措施与标准；质量控制（QC，以下简称"质控"）则是为保证达到 QA 标准而对实际工作质量进行的规范化测量、与标准进行比较和对工作过程进行修正。在精准放疗时代，质控应包括设备质控与流程质控两大部分。近年来，特别是 2016 年美国医学物理学家协会（American Association of Physitists in Medicine，AAPM）发布 TG100 报告《放射治疗管理的风险分析方法》后，放疗流程质控受到了越来越多的关注与重视。但应强调的是，直线加速器作为放疗的主要设备，其质控工作的优劣是保证放疗精确实施的先决条件。本章分安全使用、机械性能、束流特性、图像引导四部分讲述 Synergy 加速器质控，具体的质控项目及容差主要参考 NCC/T-RT 001-2019、GB15213-2016、AAPM TG142 及 WS674—2020。为突出条理性，本章在介绍机械性能、束流特性、图像引导的质控步骤之前先阐明质控的方法。值得说明的是，某些质控项目本身有多种质控方法，本篇介绍的质控方法应仅作为参考之一。表 8-1～表 8-6 罗列了本书推荐的质控内容，建议在验收阶段执行所有的项目，执行周期质控可参考推荐的项目与频度，执行加速器维修（或维护）后质控可根据实际情况选择相关项目；表中的容差值仅适用于常规调强放疗，对于 SBRT/SRS 等特殊技术仍需做进一步考量。各放疗单位应因地制宜，个性化地制订质控项目、频度及评价标准。

表 8-1 Synergy 医用直线加速器安全性能质控指标

	项目	频度	容差
机房环境	温度	每日	22 ~ 25℃
	湿度	每日	40% ~ 50%
	通风系统	每日	功能正常
	消防系统	每日	功能正常
	应急灯	每周	功能正常
防护门	门灯指示	每日	功能正常
	门机联锁	每日	功能正常
	防夹功能	每日	功能正常
	手动开关	每月	功能正常
监控	可视对讲系统	每日	功能正常
运动与碰撞	机架防碰	每日	功能正常
	影像系统防碰	每日	功能正常
	治疗床手动控制系统	每年	功能正常
	急停开关	每年	功能正常
电离辐射	X/γ 射线报警仪	每日	功能正常
	辐射安全	每年	2.5 μ sV/h

表 8-2 Synergy 医用直线加速器机械性能质控指标

	项目	频度	容差
机架	机架等中心	每年	1mm（半径）
	机架角度指示	每月	$\pm 0.5°$
	光距尺指示	每月	2mm
准直器	虚光源位置	每月	0.25mm[1]
	Leafbank 位置	每月	$\pm 2mm$[2] $\pm 1mm$[3]
	Leafbank 对齐钨门	每月	$\pm 1mm$[4]
	十字线中心	每月	1mm（半径）
	十字线对齐 MLC	每月	$\pm 1mm$[5]
	准直器角度指示	每月	$\pm 0.5°$
	MLC 到位精度	每月	$\pm 1mm$
	MLC 到位重复性	每月	$\pm 1mm$
	光野大小指示[6]	每月	$\pm 1mm$（单侧）
	光野 / 射野一致性[7]	每月	$\pm 1mm$（单侧）
	射野等中心精度[8]	每年	1mm（半径）

续表

项目		频度	容差
治疗床	等中心精度	每月	1mm（半径）
	公转角度指示	每月	0.5°
	垂直运动	每月	2mm⑨
	纵向刚度	每月	2mm⑩
	横向刚度	每月	0.5°⑪ 2mm⑫
激光系统	线宽	每日	1mm
	重合性⑬	每日	1mm
	等中心指示	每日	1mm
	水平度⑭	每月	0.5mm
	垂直度⑮	每月	0.5mm

①指 X 方向和 Y 方向的容差；②～⑤具体含义参见检测项目的步骤内容；⑥⑦包括 MLC 形成野和钨门形成野；⑧包括随机架旋转及随准直器旋转的等中心精度；⑨～⑫具体含义参考检测项目的步骤内容；⑬要求检查的范围包括等中心周围 20cm 区域，纵向激光的重合性指其与十字线（准直器角度为 0° 时）之间的重合性；⑭指横向激光的水平度，包括 X 方向和 Y 方向两个分量，横向激光定义见表 8-8；⑮指竖向激光和纵向激光的垂直度，竖向激光与纵向激光定义见表 8-8

表 8-3　Synergy 医用直线加速器束流特性质控指标

项目		频度	容差
辐射质	稳定性	每年	±1%（参照基准）
相对剂量	平坦度	每周	106%（光子线） 10mm，20mm（电子线）
	对称性	每周	103%
	光子线输出因子	每年	2%（< 4cm×4cm） 1%（≥ 4cm×4cm） （参照基准值）
	电子线输出因子	每年	±2%（参照基准值）
	MLC 穿射因子	每年	2%（平均）
绝对剂量	剂量刻度	每月	±2%
	剂量线性	每半年	±2%
	剂量重复性	每半年	0.5%
	剂量随剂量率变化	每半年	±1%
	剂量随机架角变化	每半年	±1%

表 8-4   iView GT 图像引导系统质控指标

	项目	频度	容差
图像质量	低对比度分辨率	每年	符合或优于基准值

表 8-5   XVI 图像引导系统质控指标

	项目	频度	容差
图像质量	3D 图像均匀性	每半年	1.5%
	3D 图像低对比度分辨率	每半年	1.5%
	3D 图像空间分辨率	每半年	10lp/cm
	3D 图像几何精度	每半年	4 像素（1.04mm）
	2D 图像低对比度分辨率	每半年	3%
	2D 图像几何精度	每半年	4 像素（1.04mm）
引导精度	kV 配准精度	每月	±1mm
	kV&MV 等中心一致性	每月	±0.5mm
	治疗床自动修正精度	每月	±1mm

表 8-6   六维床系统质控指标

	项目	频度	容差
六维床	坐标系匹配[①]	每月	符合基准值
	自动修正精度	每月	符合基准值

①指六维床与加速器、XVI 系统、激光系统的坐标系相同，包括坐标轴重合及坐标原点重合

8.1   方向约定

为方便描述，如无特殊说明，本节涉及的空间直角坐标系（X 轴 Y 轴 Z 轴）均与 GB18987-2015（或 IEC61217-2011）规定的相一致。除此之外，质控中还常用到一些方向术语，如 AB 方向、GT 方向等，如图 8-1 所示，针对这些方向术语，表 8-7 列出了其与 GB18987-2015 标准的对应关系。

此外，在激光系统的描述中，由于激光灯投射出来的扇形激光束在空间确定了一个平面，该平面与 GB 18987-2015 中的直角坐标平面相对应，如表 8-8 所示。

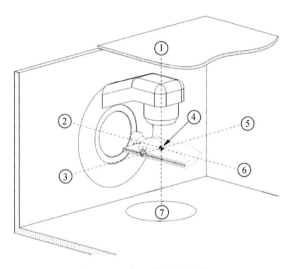

图 8-1　常见的方向定义

① Top 方向；② G 方向；③ A 方向；④加速器等中心；⑤ B 方向；⑥ T 方向；⑦ Bottom 方向

表 8-7　常用方向术语与 GB18987-2015 定义的对应关系

常用方向术语	G	T	A	B	Top	Bottom
GB 18987-2015	Y+	Y-	X-	X+	Z+	Z-

表 8-8　激光定义与直角坐标平面对应关系

激光定义	横向激光	竖向激光	纵向激光
直角坐标平面	XY 平面	XZ 平面	YZ 平面

最后，考虑到十字线概念应用的广泛性，为明确表述，本节还约定：当机架准直器均处于 0° 时，将十字线中平行 X 轴的线称为 inline、平行 Y 轴的线称为 crossline。

8.2　安全性能质控

安全性能质控是保证直线加速器平稳、安全地运行，确保病人安全治疗的重要保证，也是保障工作人员各项安全，控制公共场所环境辐射水平的必要措施。

图 8-2　**机房内的温湿计**

8.2.1　机房环境

1. 温湿度

步骤：①开机前，读取机房内温度计和湿度计的示值，如图 8-2；②确认所有示值在容差范围内。

注意事项：温湿计应放置在温度、湿度较均匀处，不能置于换气扇或空调的进风口。

2. 通风系统

步骤：①将飘带挂在进风口及排风口处；②确认进风口的飘带飘动且飘动的幅度正常，如图 8-3 所示；③确认出风口处的飘带被吸附，如图 8-4 所示。

图 8-3　**进风口处的飘带**

图 8-4　**出风口处的飘带**

3. 消防系统

步骤：①检查机房内各消防设备（灭火器、消防栓等）是否正常，尤其要注意灭火器的有效使用日期，如图 8-5；②确保消防设施不被遮挡；③确保消防通道畅通无阻。

4. 应急灯

步骤：①将应急灯的插头拔掉使其处于断电状态，确认应急灯功能正常，如图 8-6 所示；②确认应急灯的应急时间不少于 90min。

图 8-5　检查灭火器的有效使用日期　　　图 8-6　应急灯功能正常

8.2.2　防护门

1. 门灯指示

步骤：①观察加速器在非出束、预备及出束状态下防护门指示灯的显示；②确认指示功能正常，如图 8-7 所示。

2. 门机联锁

步骤：①防护门未关闭时，确认控制台报门机联锁，如图 8-8 所示，且加速器不能出束；②加速器在出束状态时打开防护门，确认加速器出束中断且控制台报门机联锁。

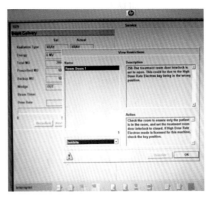

图 8-7　门灯指示功能　　　　　图 8-8　门机联锁

3. 防夹功能

步骤：①防护门关闭过程中遮挡红外感应装置的通信路径，如图 8-9 所示；②确认防护门停止关闭或处于打开状态。

4. 手动开关

步骤：①防护门处于关闭状态时断开电源；②拉下手动开关，如图 8-10 所示，并确认防护门能正常手动打开。

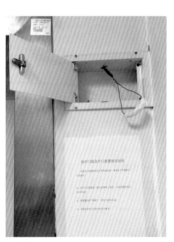

图 8-9　**防夹红外感应装置**　　图 8-10　**防护门手动开关**

8.2.3　可视对讲系统

步骤：①打开监控系统，如图 8-11 所示，确认所有监控通道能正常显示并保证监控显示的各项功能正常（如画面切换、放大缩小等）；②打开对讲系统，如图 8-12 所示，确认机房和控制室能正常进行双向对讲并保证对讲系统的各项功能正常（如音量大小、单双对讲切换等）。

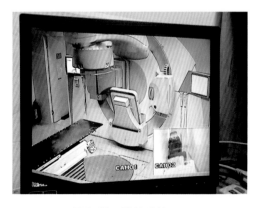

图 8-11　**监控系统**　　　　图 8-12　**对讲系统**

8.2.4　运动与碰撞

1. 机架防碰

步骤：①机架角调至 0°；②在机架防碰圈圆周上选取四个均匀分布（关于圆心）的位置，并依次对其施加轴向压力，如图 8-13 所示，确保每次施加压力时机房内的显示器均出现"touchguard"碰撞联锁，如图 8-14 所示，且加速器运动功能失效；③撤销轴向的压力，确保"touchguard"碰撞联锁随之消失且加速器恢复运动功能；④在机架防碰圈圆周上选取四个均匀分布（关于圆心）的位置并依次对其施加侧向压力，确保每次施加压力时机房内的显示器均出现"touchguard"碰撞联锁且加速器运动功能失效；⑤撤销侧向的压力，确保"touchguard"碰撞联锁随之消失且加速器恢复运动功能；⑥机架角依次调至 90°、180°、270° 并重复②～⑤。

注意事项：

● 加速器运动指所有部件的运动，包括机架、准直器和治疗床的运动。

● 施加的压力（包括轴向和侧向）不应太大，否则说明防碰圈的灵敏度过低。这种情况下也应视为防碰功能失效，需采取相应的补救措施。

图 8-13　对防碰圈施加正压力

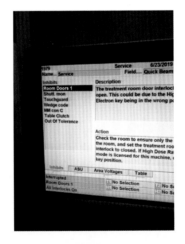
图 8-14　显示器出现"touchguard"联锁

2. 影像系统防碰

步骤：①机架角调至 0°；②打开影像探测板，伸出 kV 射线球管；③依次在探测板表面四个角落和中心位置施加轴向压力（图 8-15），确认每次施加压力时探测板发出"滴滴"的警报声，同时确保机房内的显示器均出现"touchguard"碰撞联锁且加速器运动功能失效；④撤销轴向的压力，确保"touchguard"碰撞

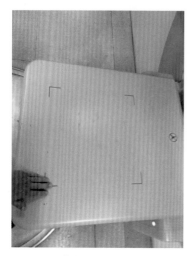

图 8-15   向探测板施加轴向压力

联锁随之消失且加速器恢复运动功能；⑤依次在探测板表面四个侧面的中心位置施加侧向压力，如图 8-16 所示，确认每次施加压力时探测板发出"滴滴"的警报声，同时确保机房内的显示器均出现"touchguard"碰撞联锁且加速器运动功能失效；⑥撤销侧向的压力，确保"touchguard"碰撞联锁随之消失且加速器恢复运动功能；⑦机架角依次调至 90°、180°、270° 并重复③～⑥；⑧针对 kV 射线球管，在球管防碰圈圆周上选取若干个均匀分布的位置并依次对其施加向内（指向球管）的压力，如图 8-17 所示，确保每次施加压力时机房内的显示器均出现"touchguard"碰撞联锁且加速器运动功能失效；⑨撤销向内的压力，确保"touchguard"碰撞联锁随之消失且加速器恢复运动功能。

注意事项：

● 探测板包括 iViewGT 探测板和 XVI 探测板，两者均适用于以上步骤。

● XVI 探测板做逆时针转动时无防碰保护。

● 加速器运动指所有部件的运动，包括机架、准直器和治疗床的运动。

● 施加的压力（包括轴向和侧向）不应太大，否则说明防碰圈的灵敏度过低。这种情况下也应视为防碰功能失效，需采取相应的补救措施。

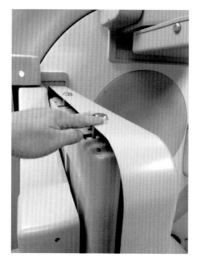

图 8-16   向探测板施加侧压力

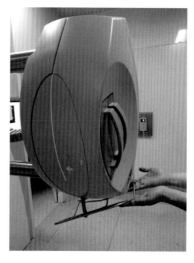

图 8-17   向 kV 球管施加压力

3. 治疗床手动控制系统

步骤：①治疗床通电状态下将床升至等中心位置后断开治疗床供电电源；②松开治疗床床裙的 4 个扣子，如图 8-18 所示；③用摇把插入治疗床后侧的插孔，如图 8-19 所示；④确保转动摇把后可将床降下来。

图 8-18　治疗床床裙的扣子　　图 8-19　摇把插入治疗床后侧的插孔

4. 急停开关

步骤：①加速器处于出束时，按下机房外墙上的急停开关，如图 8-20 所示，确认加速器立即进入断电状态，停止出束和运动；②加速器处于非出束状态时，按下机房内外墙上的急停开关，确认加速器立即进入断电状态，运动功能失效；按下手控盒及治疗床附带的急停开关，如图 8-21 所示，确认加速器运动功能失效。

图 8-20　机房外墙上的急停开关　　图 8-21　手控盒及治疗床附带的急停开关

注意事项：应保证所有的应急开关每年至少执行一次功能性检测。

8.2.5　电离辐射

1. X/γ 射线固定式在线报警仪

步骤：①确认报警仪（图 8-22）各项指示能正常、正确地显示（如日期、时间、温度等）；②加速器在出束及非出束状态下，确认报警仪能正常显示辐射水平。

2. 辐射安全

步骤：①设置加速器使其处于极限出束状态；②利用 X/γ 射线巡检仪（图 8-23）分别测量主防护墙外、次防护墙外各敏感点、兴趣点的漏射剂量，尤其要检测加速器控制室及机房周围常有人活动的区域；③确认所有漏射剂量在容差范围内。

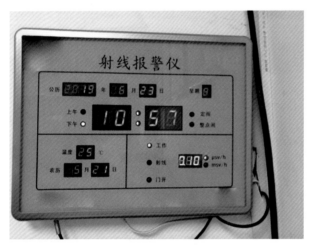

图 8-22　X/γ 射线固定式在线报警仪　　　图 8-23　X/γ 射线巡检仪

注意事项：极限出束状态为加速器设置最大能量的 X 射线，钨门开到最大的 40cm×40cm，Gantry 分别在 0°、90°、180°、270°，Collimator 为 45°。

8.3　机械性能质控

由于直线加速器结构复杂，机械故障时有发生，且随着服役周期变长，各部件易出现机械老化、磨损现象，导致加速器的机械参数偏离正常值。因此，使用单位必须对 Synergy 医用直线加速器的各项机械性能指标进行定期检查和必要的调整，确保其在正常范围之内，从而保证放疗的实施精度。

8.3.1　机架相关质控

1. 机架等中心

方法：借助已校准过的前指针指示 SSD=100cm 处的点，在机架旋转过程中通过观察记录该点移动的幅度。

材料：前指针、针尖。

步骤：①机头装载前指针底座，放置前指针并使其对齐 100cm 刻度线；②按平行 Y 轴的朝向将针尖一端固定在治疗床，另一端伸出床外；③当移动治疗床使针尖伸出床外的尖端 O 与前指针下端点 O′ 处于同一水平高度且 O 在 O′ 偏 T 方向 2mm 处，如图 8-24 所示；④分别旋转机架至 90°、180°、270°，记录 O′ 点在 XZ 平面内与 Y 轴方向上的最大偏移量（以 O 点为参考），该偏移量即为机架等中心精度。当机架角为 90° 时，O′ 点位置在 XZ 平面内的偏差读数和在 Y 轴方向的偏差读数分别见图 8-25 和图 8-26。

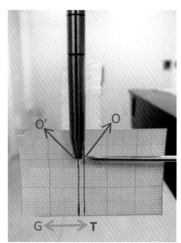

图 8-24　O 在 O′ 偏 T 方向 2mm 处

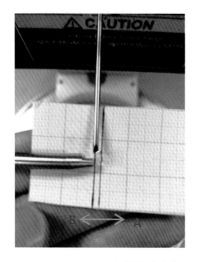

图 8-25　XZ 平面内的偏差读数

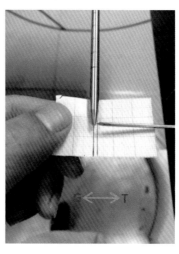

图 8-26　Y 轴方向的偏差读数

注意事项：实际操作过程中，O 与 O′不能相互接触，否则前指针和针尖会相互挤压，导致针尖（或前指针）变形而影响测量结果。

2. 机架角度指示

方法：利用气泡水平尺能准确指示四个主要机架角的特性判断角度指示。

材料：气泡水平尺。

步骤：①机架角调到数字指示 0°，将气泡水平尺紧贴机头基准面放置；②微调机架角度使得水平尺中间的气泡居中，如图 8-27 所示；③记录此时机架角度数字指示值并判断是否在容差范围内；④机架角分别调到数字指示 90°、180° 和 270°，如图 8-27 所示，并分别重复步骤②和③。

图 8-27　用气泡水平尺检测机架角度指示
A. 检测机架 0° 数字指示精度；B. 检测机架 270° 数字指示精度

注意事项：若使用数字显示水平仪，也可以测量四个主要角度以外的角度指示。

3. 光距尺指示

方法：利用已校准的前指针作为参考，将源波距传递到光距尺上。

材料：前指针、气泡水平尺。

步骤：①利用气泡水平尺将机架角度调到机械 0°；②治疗床置于等中心平面下约 10cm 处；③机头装载前指针底座，放置前指针并使其初始位置大于 100cm 刻度线，如图 8-28 所示；④升床至前指针 100cm 刻度线对齐管套下表面，如图 8-29 所示；⑤读取此时光距尺的刻度读数并判断是否符合容差范围；⑥升床至前指针 85cmm 刻度线对齐管套下表面，重复步骤⑤。

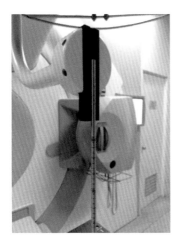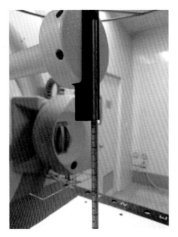

图 8-28　前指针初始位置　　图 8-29　前指针 100cm 刻度线对齐管套下表面

　　注意事项：由于 Synergy 配套的前指针刻度线最大值是 100cm，若需检测范围更广的指示值，可使用挂在机头上的钢卷尺作为床面位置的参考刻度，如图 8-30 所示。

图 8-30　钢卷尺作为床面位置的参考刻度

8.3.2　准直器相关质控

1. 虚光源位置

方法：利用虚光源须落在准直器旋转轴的特性，通过检测光野中特定参考物在地面上的光投影随准直器旋转而产生的位移来测量虚光源的位置偏差。

材料：气泡水平尺、钢直尺（参考物）、钢卷尺、白纸、笔。

步骤：①利用气泡水平尺将机架角度调到机械0°；②准直器调到数值指示0°，打开最大射野；③将钢直尺一端固定于治疗床，另一端伸出治疗床外且保持钢直尺的短边平行 X 轴，如图8-31所示；④升床至床面 SSD=80cm 并使钢直尺的伸出端在光野内；⑤在地面上固定一张白纸以接收直尺的光投影；⑥在白纸上用笔标记钢直尺光投影的两条边 L_1（平行 X 轴）和 L_2（平行 Y 轴），如图8-32所示；⑦旋转准直器至180°，再次标记直尺光投影的两条垂直边 L_1'（图8-33）、L_2'；⑧用钢卷尺测量 L_1 与 L_1' 的距离 y（mm）及 L_2 与 L_2' 的距离 x（mm）；⑨用钢卷尺测量治疗床面到地面的距离 z（cm），如图8-34所示；⑩根据相似三角形性质算得虚光源的 X 方向偏差 $\triangle X=40x/z$，Y 方向偏差 $\triangle Y=40y/z$，如图8-35所示。

图 8-31 钢直尺摆位示意图

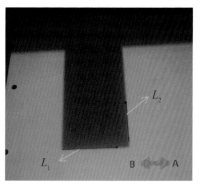

图 8-32 标记 L_1 和 L_2

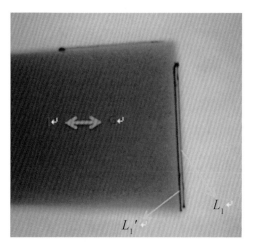

图 8-33 标记 L_1'

图 8-34 测量床面至地面的距离

　　注意事项：①因虚光源位置的调整是通过调节反光镜实现的，实际操作中调节反光镜对虚光源位置的 Z 坐标影响很小，故此处并不考虑虚光源在 Z 方向上的偏差。②由于靶到 MLC 叶片中心的距离已知（MLCi 为 336mm），根据相似三角形性质不难算出：虚光源位置精度的容差值选 0.25mm 可保证传递到等中心平面处的光野单侧误差不超过 0.5mm，如图 8-36 所示。③虚光源位置精度质控是必不可少的，它是 Synergy 加速器运动部件位置精度的重要参考物。

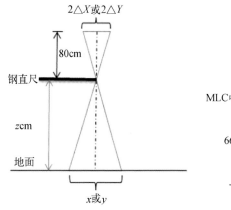

图 8-35　虚光源位置偏差计算原理图

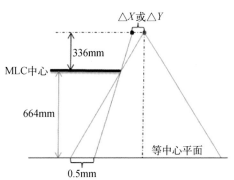

图 8-36　虚光源位置容差原理图

2. Leafbank 位置

　　方法：若 Leafbank 位置准确，MLC 形成的"王"字形辐射野（图 8-37）在 GT 方向上关于 X 轴对称分布，利用以上性质测量相关对称指标可判断 Leafbank 的位置精度。

　　材料：辐射显色胶片、胶片分析系统、固体水。

　　步骤：①机架、准直器调至 0°；②进入维修模式，载入 Deliver Quick Beam 下的 Leaf bank Set up 射野；③将辐射显色胶片水平放置在等中心平面并在胶片上标记方向以及十字线的位置，如图 8-38 所示；④在胶片上方垫 2cm 厚的固体水后给予合适的机器跳数（MU）照射；⑤用胶片分析系统标记出射野边缘（50% 等剂量线，下同）；⑥测量距离 A、A'、B、B' 并验证（8-1）式；⑦如以上验证不通过，则 Leafbank 需对高度位置（Z 方向）进行调整；⑧测量距离 C、D、E、F 并验证（8-3）式；⑨如以上验证不通过，则 Leafbank 需做径向位置（Y 方向）调整；⑩准直器调至 90°，重复步骤①～⑨。

$$\frac{A+A'}{2}=350mm \pm 2mm \quad (8-1)$$

$$\frac{B+B'}{2}=350mm \pm 2mm \quad (8-2)$$

$$C+E-(D+F)=0 \pm 1mm \quad (8-3)$$

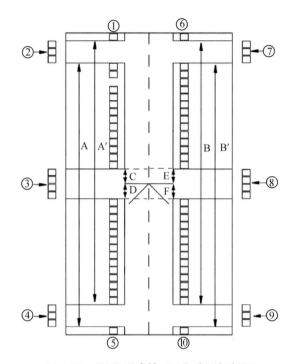

图 8-37　MLC 形成的"王"字形辐射野

①叶片 1；②叶片 2、3、4；③叶片 19、20、21、22；④叶片 37、38、39；⑤叶片 40；⑥叶片 41；⑦叶片 42、43、44；⑧叶片 59、60、61、62；⑨叶片 77、78、79；⑩叶片 80

图 8-38　在辐射显色胶片上做标记

　　注意事项：必须保证十字线（经校准）inline 线落在左右 Leafbank 的中线上；这可通过微调 Leafbank Major offsets（参考本章 8.6）实现。

　　3. Leafbank 对齐钨门（Y 方向）

　　方法：Leafbank 对齐钨门指 MLC 的运动方向与 Y 方向钨门平行，可通过测量 MLC 侧面到 Y 方向钨门的距离是否相等判断。

　　材料：白纸、钢直尺。

　　步骤：①机架、准直器调至 $0°$；②进入维修模式，载入 Deliver Quick Beam 下的 Leaf/Diaphragm Alignment 射野，如图 8-39 所示；③将白纸放置在等中心平面上接收光野；④在白纸上测量距离 D_1、D_2、D_3、D_4（图 8-40），并验证：$D_1=D_2\pm1\text{mm}$；$D_3=D_4\pm1\text{mm}$。

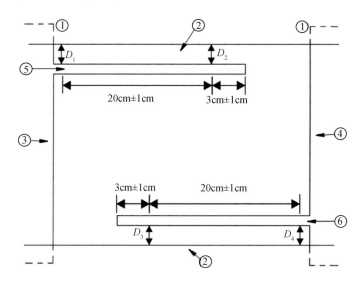

图 8-39　Leaf/Diaphragm Alignment 射野

① X 方向钨门；② Y 方向钨门；③ Leafbank X1；④ Leafbank Y1；⑤ 叶片 5；⑥ 叶片 75

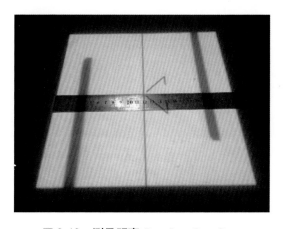

图 8-40　测量距离 D_1、D_2、D_3、D_4

4. 十字线中心

　　方法：十字线中心的位置应落在准直器的旋转轴上，当虚光源位置准确（或在容差范围内）时，表现为十字线中心随准直器的旋转不发生偏移。

材料：坐标纸、笔。

步骤：①机架、准直器调至 0°；②进入维修模式，载入 Deliver Quick Beam 下的 Graticule alignment 射野；③坐标纸放置于等中心平面并对齐十字线；④在坐标纸上标记十字线中心 O；⑤ 360° 旋转准直器，同时观察并记录十字线中心距离 O 点的最大偏差，该最大偏差即为十字线中心的位置精度。

5. 十字线对齐 MLC

方法：十字线对齐 MLC 指十字线 Crossline 与 MLC 运动方向平行，可通过测量十字线 Crossline 到叶片侧面的距离是否相等判断。

材料：坐标纸。

步骤：①机架、准直器调至 0°；②进入维修模式，载入 Deliver Quick Beam 下的 Graticule alignment 射野；③坐标纸放置于等中心平面并对齐十字线；④在 A 方向距十字线交点 20cm 处量取 MLC 侧面 C、侧面 D 到 Crossline 的距离 M_{AC}、M_{AD}；在 B 向距十字线原点 20cm 处量取 MLC 侧面 C、侧面 D 到 Crossline 的距离 M_{BC}、M_{BD}，如图 8-41 所示；⑤验证 $M_{AC} - M_{BC} = \pm 1\text{mm}$ 且 $M_{AD} - M_{BD} = \pm 1\text{mm}$

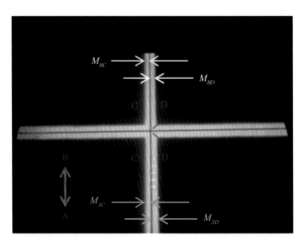

图 8-41　M_{AC}、M_{AD}、M_{BC} 与 M_{BD} 示意图

注意事项：Crossline 指准直器为 0° 时，十字线中与 AB 方向平行的线；Inline 指准直器为 0° 时，十字线中与 GT 方向平行的线。

6. 准直器角度指示

方法：首先确定准直器机械 0° 时的数字指示精度，准直器机械 0° 的位置应满足以下条件——当机架调到机械 90°（或 270°）时，MLC 运动方向（侧边）

竖直向下；然后依次旋转准直器至十字线再次与坐标纸平行，分别确定准直器机械 90°、180°、270° 时的数字指示精度。

材料：气泡水平尺、激光水平仪、白纸、胶带

步骤：①利用气泡水平尺将机架调至 270°；②进入维修模式，载入 Deliver Quick Beam 下的 Graticule alignment 射野；③在准直器基准面上十字膜下贴一张白纸（保持平整）；④开启激光水平仪，调节竖直激光线方向使其落在 MLC 侧边光投影上，微调准直器角度，使得 MLC 侧边光投影与竖直激光线平行，如图 8-42 所示；⑤利用气泡水平尺将机架调至 90°，确认 MLC 侧边光投影与竖直激光线平行；⑥记录此时准直器数字指示值 M_0。该值即为机械 0° 时的数字指示精度；⑦利用气泡水平尺将机架调至 0°；⑧将坐标纸放置于等中心平面并对齐十字线；⑨依次旋转准直器至十字线再次与坐标纸平行，分别记录准直器在 90°、180°、270° 时的数字指示值 M_{90}、M_{180}、M_{270}，并计算数字指示精度 $M_{90}-90$，$M_{180}-180$，$M_{270}-270$。

7. MLC 到位精度

方法：通过执行自编的 Picket Fence 测试例评估 MLC 到位精度。

材料：辐射显色胶片、胶片分析系统、固体水。

步骤：①在 TPS 设计一个 Picket Fence 测试例，包含 9 个 MU 数合适的 MLC 细长方形野（0.6cm×40cm），野间隔为 2cm，射野机架角、准直器角均设置为 0°；②将辐射显色胶片放置于等中心平面的射野中心处并覆盖 2cm 厚的固体水；③执行 Picket Fence 测试例，曝光胶片，如图 8-43；④在胶片分析系统中分析 MLC 到位精度。

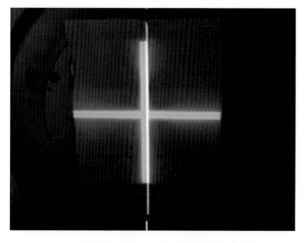

图 8-42　MLC 侧边光投影与竖直激光线平行　　　图 8-43　Picket Fence 辐射显示胶片图样

注意事项：

●Synergy MLCi 叶片对最小间距是 0.6cm。

●若胶片的大小规格不满足一次性检测所有 MLC，则先检测第 11 至第 30 叶片对 MLC 的到位精度，然后再用同样的方法依次检测第 1 ～ 20 叶片对和第 21 ～ 40 叶片对。

●MLC 到位精度更多的是检测叶片间的"相对"位置，其"绝对"位置的检测可通过检测 Leafbank 位置来实现。

●EPID 也可以用于本项目的检测，如图 8-44、图 8-45 所示。

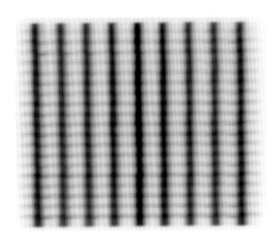
图 8-44　Picket Fence EPID 图样

图 8-45　标记 MLC 端面的光投影位置

8. MLC 到位重复性

方法：重复载入临床计划的射野（子野），在光野中观察 MLC 的位置重复性。

材料：白纸、笔。

步骤：①将白纸固定于等中心平面的射野中心处；②载入临床计划的某一射野（子野）；③在白纸上用笔标记所有 MLC 端面的光投影的位置，如图 8-45 所示；④切换其他射野（子野），重新载入原来的射野（子野），查看所有 MLC 端面的光投影位置与标记线间的误差，确认每一根叶片的重复性精度在容差范围内；⑤重复步骤④ 2 次。

注意事项：应尽量选择不同病种（部位）、靶区较长较宽的临床计划做检测，这样可以检测到尽可能多的 MLC 叶片。

9. 光野大小指示

方法：利用虚光源(经校准)将 MLC 或者钨门投影到等中心平面的坐标纸上，坐标纸对齐十字线（经校准）后可直接读出光野边缘的实际偏差。

材料：坐标纸。

步骤：①机架调至 0°；②载入某一大小射野；③将坐标纸固定在等中心平面的射野中心处并对齐十字线；④记录光野四边的实际读数；⑤计算光野四边的位置偏差。

注意事项：

● 射野类型的选择应涵盖钨门形成的和 MLC 形成的对称野与非对称野。

● 射野大小的选择应涵盖大野（20cm×20cm 以上）、10cm×10cm 野、较小野（5cm×5cm 以下）及非对称野。

10. 光野 / 射野一致性

方法：在胶片上的光野边界处扎若干个标记点；然后再将其与曝光在胶片上的射野边界比较即可确定光野 / 射野一致性的精度。

材料：辐射显示胶片、胶片分析系统、尖锥。

步骤：①机架、准直器调至 0°；②进入维修模式，载入 Deliver Quick Beam 下的 Backup Diaphragms（10×10）射野，设置合适的 MU 数；③将辐射显色胶片置于等中心平面的射野中心处；④用尖锥在胶片上的光野边界处扎孔做标记，如图 8-46 所示；⑤覆盖 2cm 厚的固体水后加速器出束曝光胶片，如图 8-47 所示；⑥在胶片分析系统中计算射野四条边与对应标记孔的距离。

 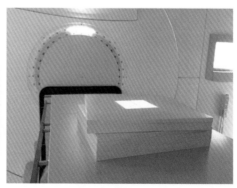

图 8-46　用尖锥在胶片上的光野边界处扎孔　　图 8-47　覆盖 2cm 厚的固体水后曝光胶片

11. 射野等中心精度

（1）随机架旋转等中心精度

方法：当一细长射野（GT 方向）以 n 个不同的机架角度曝光胶片（平行 XZ 平面放置）后，可形成由 n 条射野带组成的星形状图样。图样中每条射野带的中心线相交最多可以产生 $n\,(n-1)\,/2$ 个交点，分析这些交点的分布范围可确定射野随机架旋转的等中心精度。

材料：等中心仪、辐射显示胶片、胶片分析系统、气泡水平尺。

步骤：①自行设计测试例。参数设置要求：射野类型为钨门形成野，准直器角度 =0°，射野数为 5，其机架角度依次为 216°、288°、0°、72°、144°，合适的 MU 数。②将胶片放置于等中心仪的胶片夹缝中。③将等中心仪以面板旋转轴平行 x 轴的朝向放置于等中心处，如图 8-48。④利用气泡水平尺将等中心仪面板调至与 XZ 平面平行的状态，如图 8-49。⑤执行测试例，曝光胶片，得到星型图样，如图 8-50。⑥用胶片分析系统分析星形图样，得出分析结果，如图 8-51。

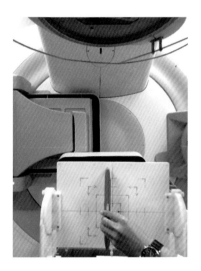

图 8-48　将等中心仪放置于等中心处　　图 8-49　等中心仪面板调至与 XZ 平面平行

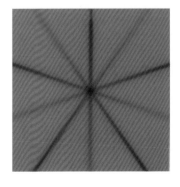
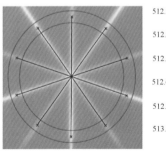
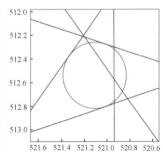

图 8-50　星形图样　　　　　　图 8-51　星形图分析结果

注意事项：若等中心仪的胶片夹缝比胶片厚，可加入 1mm 或 2mm 厚的固体水，使胶片贴紧夹缝。

（2）准直器旋转等中心精度

方法：当一细长射野以 n 个不同的准直器角度曝光胶片（垂直于束流中心轴放置）后，可形成由 n 条射野带组成的星形图样。图样中每条射野带的中心线相交最多可以产生 $n(n-1)/2$ 个交点，计算这些交点的分布范围可确定射野随机架旋转的等中心精度。

材料：辐射显示胶片、胶片分析系统、固体水。

步骤：①自行设计测试例。参数设置要求：射野类型为钨门形成野，射野大小为 1cm×20cm，射野数为 5，射野机架角度 =0°，准直器角度为 216°、288°、0°、72°、144°，合适的 MU 数；②将辐射显色胶片置于等中心平面的射野中心处并覆盖 2cm 厚的固体水；③执行测试例，曝光胶片，得到星形图样；④用胶片分析系统分析星形图样，得出分析结果。

8.3.3　治疗床相关质控

1. 等中心精度

方法：类似十字线中心位置的检测方法，由于准直器的旋转轴也是治疗床的旋转轴，故当虚光源位置准确（或在容差范围内）时，表现为十字线中心（经校准）随治疗床的旋转不发生偏移。

材料：坐标纸、笔。

步骤：①机架、准直器、治疗床调至 0°；②进入维修模式，载入 Deliver Quick Beam 下的 Graticule alignment 射野；③坐标纸放置于等中心平面并对齐十字线；④在坐标纸上标记十字线中心 O；⑤分别旋转治疗床至 90° 与 270°，在旋转过程中同时观察并记录十字线中心距离 O 点位置的最大偏差，见图 8-52，该最大偏差即为治疗床的等中心精度。

2. 公转角度指示

方法：首先以 MLC 运动方向为参考确定治疗床在 90° 位置（或 270°）时的角度指示精度，然后再确定 0° 位置时的角度指示精度。

材料：坐标纸、白纸、笔。

步骤：①机架、准直器调至 0°；②进入维修模式，设置并载入大小为 2cm×40cm 的 MLC 射野；③治疗床调至等中心平面并公转至 90° 附近；④在床面最前端固定放置一张白纸，调节进出床位置使白纸接收光野的边缘部分，在白纸上用笔在 MLC 侧边投影上标记一个点，如图 8-53；⑤微调治疗床公转

图 8-52 治疗床旋转过程中观察十字线的最大偏差

图 8-53 在床面最前端的白纸上 MLC 侧边投影处标记一个点

图 8-54 进床过程中标记点仍然
与 MLC 侧边投影边界重合

角度，使得进（或退）床 40cm 过程中，标记点仍然与 MLC 侧边投影的边界重合，如图 8-54，记录满足上述条件时的治疗床角度指示值并计算指示精度；⑥在床面光野中心处放置一张坐标纸并对齐十字线；⑦床公转至 0° 附近使得十字线再次对齐坐标纸，记录此时的角度指示值并计算指示精度；⑧床公转至 270° 附近使得十字线再次对齐坐标纸，记录此时的角度指示值并计算指示精度。

3. 垂直运动

方法：通过测量负载条件下治疗床垂直运动过程中床上的标记点与参考竖直激光线（激光水平仪发出）间的偏移确定床的垂直运动精度。

材料：负载 100kg、激光水平仪、胶带、坐标纸、笔。

步骤：①将负载均匀置于床上 2m 范围内，负载的重心在等中心点附近；②调节激光水平仪使其发出的竖直激光线从 A（或 B）方向入射治疗床，如图 8-55A 所示；③用胶带将一小块坐标纸贴在负载上竖直激光线处并用笔画出点标记线，如图 8-55B 所示；④升、降床各 20cm，测量并记录点标记与激光线间的位置偏差，如图 8-55C 所示；⑤调节激光水平仪使其发出的竖直激光线从 G（或 T）方向入射治疗床；⑥重复步骤③和④。

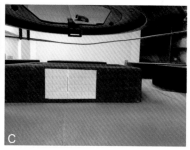

图 8-55　检测床的垂直运动精度

A. 竖直激光线从 A 方向入射治疗床；B. 在坐标纸上做标记线；C. 测量标记线与竖直激光线间的距离

注意事项：

应在床面缩回和伸出两种状态下均执行以上操作。

4. 纵向刚度

方法：通过测量负载条件下治疗床纵向运动过程中床前端面上的标记线与参考水平激光线（激光水平仪发出）间的偏移确定床的纵向刚度。

材料：负载 100kg、激光水平仪、坐标纸、胶布、笔。

步骤：①将治疗床调至 GT 方向的两个极限位置的中点；②将负载均匀置于床上 2m 范围内，负载的重心在等中心点附近；③调节激光水平仪使其发出的水平激光线从侧面入射治疗床，如图 8-56A 所示；④用胶带将一小块坐标纸贴在负载表面的水平激光线处并用笔画出点标记线，如图 8-56B 所示；⑤将治疗床调至 T 方向的极限位置（即治疗床完全缩回），测量并记录标记点与水平激光线间的高度差 Z_1，如图 8-56C；⑥将治疗床调至 G 方向的极限位置（即治疗床完全伸出），测量并记录标记点与水平激光线间的高度差 Z_2。

注意事项：质控过程中应使治疗床处于 AB 方向的两个极限位置的中点位置。

图 8-56 检测床的纵向刚度

A. 水平激光线从侧面入射治疗床；B. 在胶带上做标记；C. 测量标记点与激光线间的高度差

5. 横向刚度

方法：通过测量负载条件下治疗床横向运动过程中床侧面上的标记点与参考水平激光线（激光水平仪发出）间的偏移确定床的横向刚度。

材料：负载 100kg、激光水平仪、坐标纸、胶布、笔。

步骤：①将治疗床调至 AB 方向的两个极限位置的中点；②将负载均匀置于床上 2m 范围内，负载的重心在等中心点附近；③调节激光水平仪使其发出的水平激光线从侧面入射治疗床；④用胶带将一小块坐标纸贴在负载表面的竖直激光线处并用笔画出点标记线；⑤将治疗床调至 A 方向的极限位置，测量并记录标记线与水平激光线间的高度差 Z_3；⑥将治疗床调至 B 方向的极限位置，测量并记录标记线与水平激光线间的高度差 Z_4。

注意事项：质控过程中应使治疗床处于 GT 方向的两个极限位置的中点位置。

8.3.4 激光系统质控

1. 线宽

方法：用等中心仪的旋转板接收激光投影线，在板上直接测量激光线的宽度。

材料：等中心仪。

步骤：①机架调至 0°；②将等中心仪以面板旋转轴平行 Y 轴的朝向对齐等中心；③利用面板上的 1mm 宽度线与 2mm 宽度线读取横、竖向激光线宽，如图 8-57 所示；④将等中心仪以面板旋转轴平行 X 轴的朝向对齐等中心；⑤利用面板上的 1mm 宽度线与 2mm 宽度线读取纵向激光线宽。

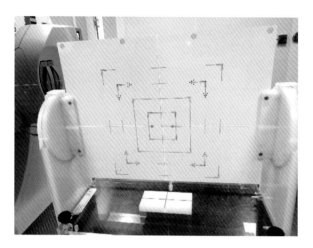

图 8-57　读取横、竖向激光线宽

2. 重合性

方法：先用坐标纸同时接收 *AB* 方向激光，然后挡住其中一侧激光线的局部，最后评估激光线的错位程度；将等中心仪以面板旋转轴平行 *X* 轴的朝向对齐等中心接收纵向激光线，然后评估其偏离十字线的程度。

材料：坐标纸、等中心仪。

步骤：①机架和准直器调至 0°；②用坐标纸在等中心周围 20cm 处同时接收 *AB* 方向的横向、竖向激光；③挡住一侧激光线的局部并评估两激光线间的最大偏差，如图 8-58A 所示；④将等中心仪以面板旋转轴平行 *X* 轴的朝向对齐等中心接收纵向激光线；⑤利用面板上的 1mm 宽度线与 2mm 宽度线读取激光偏离十字线的最大偏差，如图 8-58B 所示。

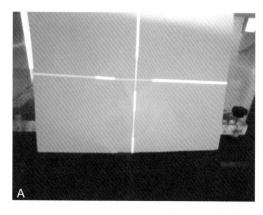
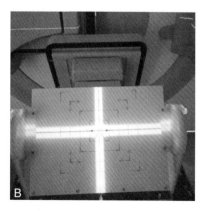

图 8-58　检测激光重合性

A. 评估横向、竖向激光间最大偏差；B. 评估激光与十字线的最大偏差

3. 等中心指示

方法：用经校准的前指针指示等中心位置，评估各方向激光与等中心位置的偏差。

材料：前指针、坐标纸。

步骤：①机架和准直器调至 0°；②机头装载前指针底座，放置前指针并使其对齐 100cm 刻度线；③用坐标纸接收激光线并估计其与前指针尖端的偏差，如图 8-59 所示。

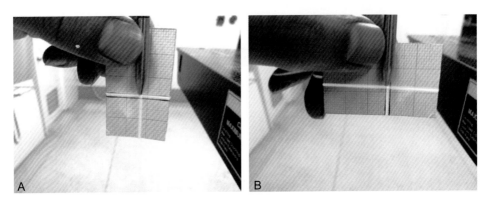

图 8-59 检测激光等中心指示精度
A. 评估横向激光灯等中心精度；B. 评估竖向激光灯等中心精度

4. 水平度

方法：以检测 A 方向横向激光为例。

（1）X 方向水平度检测方法：令 B 方向的接收屏上的横、竖向激光（来自 A 方向）和水平激光交于 O 点，通过测量 X 方向上另一点 O'（$O'O$ 平行 X 轴）处横向激光（来自 A 方向）和水平激光的错开距离 d_1 与 O 点到 O' 点的距离 D_1（mm）求得 X 方向水平度。

（2）Y 方向水平度检测方法：令 B 方向墙面上的横向激光和水平激光在某一标记 S_1 点处重合，通过测量另一标记点 S_2（两标记点尽可能地远）处两激光线错开的距离与两标记点间的距离求得 Y 方向水平度。

材料：激光水平仪、接收屏、坐标纸、钢卷尺。

步骤：①机架调至 0°；②接收屏置于 B 侧合适位置接收 A 侧横竖激光交点 O；③将激光水平仪置于合适高度使其水平激光线通过 O 点，如图 8-60A 所示；④在 X 方向上另一点 O' 处用坐标纸接收横向激光和水平激光，并测量两激光线的错开距离 d_1，如图 8-60B 所示；⑤用钢卷尺量取 O 点到 O' 点的距离 D_1；⑥

计算 X 方向水平度 $\dfrac{1000d_1}{D_1}$；⑦将激光水平仪置于合适高度使 B 方向墙面上的水平激光线与横向激光线在标记点 S_1 处重合，如图 8-61A；⑧测量两激光线在另一端 S_2 错开的距离 d_2，如图 8-61B 所示；⑨测量 S_1 与 S_2 的距离 D_2，如图 8-61C 所示；⑩计算 X 方向水平度 $\dfrac{1000d_2}{D_2}$。

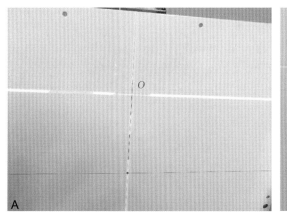
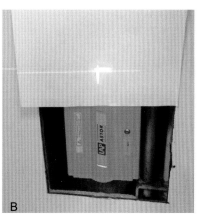

图 8-60　**检测横向激光 X 方向水平度**
A. 水平激光线通过 O 点；B. 测量 d_1

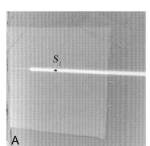
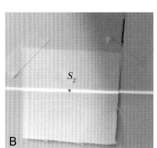

图 8-61　**检测横向激光 Y 方向水平度**
A. 水平激光线与横向激光线在标记点 P 处重合；B. 测量 d_2；C. 测量 D_2

5. 垂直度

方法：以调节 A 方向竖向激光为例。以激光水平仪发出的竖直激光为参考，令 B 方向墙面上的竖向激光和垂直激光在某一标记点处重合，通过测量另一标记点（两标记点尽可能地远）处两激光线错开的距离及两标记点间的距离求得垂直度。

材料：激光水平仪、坐标纸、钢卷尺。

步骤：①机架调至 310°；②在机架方向墙面的纵向激光投影上选择一标记点 S_1；③将激光水平仪置于治疗床上并使其定位点对齐竖向激光；④旋转水平仪使其竖直激光线通过 S_1 点，如图 8-62 所示；⑤在竖直激光线上选择另一标记点 S_2，测量改点处竖向激光和垂直激光线的错开距离 d_3；⑥用钢卷尺量取两标记点的距离 D_3；⑦计算竖向激光垂直度 $\dfrac{1000d_3}{D_3}$。

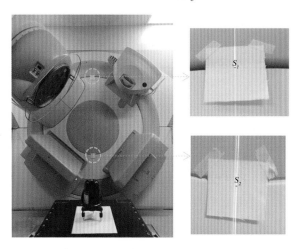

图 8-62　旋转水平仪使其竖直激光线通过 S_1 点

8.4　束流特性质控

放射治疗需要将处方剂量精准地传递到靶区，方能达到预期的治疗效果。稳定和精准的加速器束流特性是临床目标剂量是否与实际照射剂量相符合的前提，也是给予病人精准剂量的重要保证。直线加速器是具有复杂结构的大型医疗设备，其关键电子部件和软件设定的微小变化，都可能使加速器束流产生相当的改变，进而影响剂量准确性。因此，有必要对加速器束流系统进行周期性监测。

8.4.1　辐射质稳定性

1. 光子线辐射质稳定性

方法：参考 JJG589-2008，通过测量组织模体比（$TPR_{20,10}$）或剂量比（D_{20}/D_{10}）得到光子线各能量的射线质。在图 8-63A 中，源室距 SCD 保持恒定，改变探测器上方水的厚度，测量 $TPR_{20,10}$。在图 8-63B 中，源皮距 SSD 固定，探测器移动到不同的深度，测量 D_{20}/D_{10}。

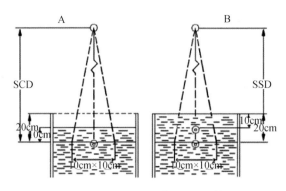

图 8-63　测量 $TPR_{20,10}$ 或 D_{20}/D_{10} 的摆位图

材料：30cm×30cm 小水箱（带刻度线）、水、气泡水平仪、0.6cm³ 指形电离室、静电计。

步骤 1：测量 $TPR_{20,10}$。①机架、准直器调至 0°，射野设置为 10cm×10cm；②水箱置于治疗床上并往其中加水至 20cm 刻度附近；③将水箱对齐十字线并借助气泡水平仪通过调节水箱的 4 个可调底座调平水箱；④微调水箱中的水量使水面凹液面读数为 20.2cm；⑤升（或降）床至 SCD=100cm；⑥测量剂量得到读数 M_{20}；⑦调节水箱中的水量使水面凹液面读数为 10.2cm；⑧测量剂量得到读数 M_{10}；⑨计算 $TPR_{20,10}=M_{20}/M_{10}$ 并判断 $TPR_{20,10}$ 与基准值的差异是否在容差范围。

步骤 2：测量 D_{20}/D_{10}。①机架、准直器调至 0°，射野设置为 10cm×10cm；②水箱置于治疗床上并往其中加水至 20cm 刻度附近；③将水箱对齐十字线并借助气泡水平仪通过调节水箱的 4 个可调底座调平水箱；④微调水箱中的水量使水面凹液面读数为 20.2cm；⑤升（或降）床至 SSD=100cm；⑥测量剂量得到读数 D_{20}；⑦调节水箱中的水量使水面凹液面读数为 10.2cm；⑧升（或降）床至 SSD=100cm；⑨测量剂量得到读数 D_{10}；⑩计算 D_{20}/D_{10} 并判断其与基准值的差异是否在容差范围。

注意事项：

● 水深分别设置为 20.2cm 和 10.2cm 是因为考虑了有效测量点。

● 本项目的检测也可以用三维水箱代替小水箱。

● 由于测量的指标是相对量，故剂量测定时可不输入任何校准修正因子。

2. 电子线辐射质稳定性

方法：参考 JJG589-2008，用 $\overline{E_0}$ 表示高能电子束的辐射质。首先测量 R_{50}（定义参见图 8-64），然后代入公式 $\overline{E_0}=0.656+2.059R_{50}+0.022\,(R_{50})^2$ 求得 $\overline{E_0}$；

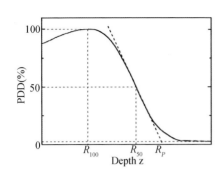

图 8-64   高能电子束 R_{50} 定义

电子线射线质获取的条件为 SSD=100cm，当 $\overline{E_0} \leqslant 15\mathrm{Mev}$ 时，模体表面光野不小于 $12\mathrm{cm} \times 12\mathrm{cm}$，当 $\overline{E_0} > 15\mathrm{Mev}$ 时，模体表面光野大小不小于 $20\mathrm{cm} \times 20\mathrm{cm}$。

材料：三维水箱系统、水。

步骤：①机架、准直器调至 0°；②按正确的方法和步骤进行三维水箱摆位；③根据所测的能量选取并装上相应大小的限光筒；④在三维水箱系统的专用软件中设置扫描参数；⑤做扫描测量获取电子线的电离曲线并转化成吸收剂量曲线；⑥在软件上读取 R_{50} 并计算 $\overline{E_0}$

注意事项：关于使用三维水箱进行数据采集的具体方法、步骤和细节，可参见 AAPM TG106。

8.4.2   相对剂量

1. 射野平坦度与对称性

（1）光子线射野平坦度与对称性

方法：参考 GB15213-2016 定义，在 SSD=90cm 的条件下，通过测量水下 10cm 深度处的 profile 曲线（X 方向和 Y 方向）得到射野的平坦度和对称性，如图 8-65。

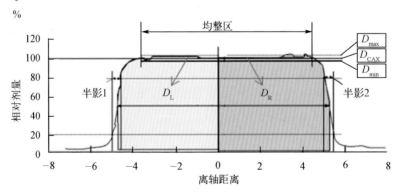

图 8-65   光子线平坦度与对称性示意图

材料：三维水箱系统、水。

步骤：①机架、准直器调至 0°，设置射野参数（能量、大小、剂量率）；②按正确的方法和步骤进行三维水箱摆位（SSD=90cm）；③在三维水箱系统的专用软件中设置扫描参数（测量深度水下 10cm）；④执行扫描测量，获取 X 方向和 Y 方向的 profile 曲线；⑤在软件上读取 X 方向和 Y 方向的平坦度和对称性；⑥更改射野参数，重复步骤③～⑤。

注意事项：

● 为便于计算和分析，实际操作中常常将平坦度分解为 x 分量和 y 分量。

● 光子线射野平坦度与对称性还有其他的定义，三维水箱配备的专用软件一般都会内置有多种定义对应的算法。但无论采用哪种定义，测量时应关注与基准值的比较。在比较时，前后定义和计算的方法必须一致。

● 经过校准、验证的探测器阵列也可用于本项目的日常检测。

（2）电子线射野平坦度与对称性

方法：参考 GB15213-2016 定义，测量标准测试深度处的 profile 曲线（XY 方向与对角线方向）和基准测试深度处的 profile 曲线（XY 方向），得到电子线射野的平坦度和对称性，如图 8-66。其中，标准测试深度为 10cm×10cm 限光筒条件下的 $1/2\,R_{80}$；基准测试深度为当前限光筒大小条件下的 R_{90}。

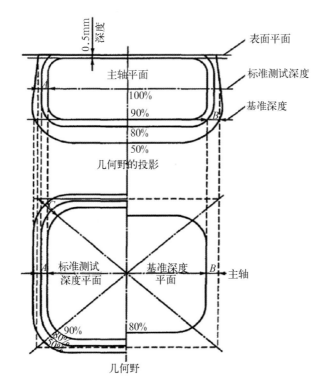

图 8-66　电子线平坦度与对称性示意图

材料：三维水箱系统、水。

步骤：①机架、准直器调至 0°，设置射野参数（能量、限光筒大小）；②按正确的方法和步骤进行三维水箱摆位；③在三维水箱系统的专用软件中设置扫描参数；④执行扫描测量，获取 XY 方向和对角线方向的 profile 曲线；⑤在软件上读取平坦度和对称性；⑥更改射野参数，重复步骤③～⑤。

注意事项：

● 电子线射野平坦度还有其他的定义，三维水箱系统配备的专用软件一般都会内置有多种定义对应的算法。但无论采用哪种定义，测量时应关注与基准值的比较。在比较时，前后定义和计算的方法必须一致。

● 经过校准、验证的探测器阵列也可用于本项目的日常检测。

2. 射野输出因子

方法：根据射野输出因子（Scp）的定义，测量相应照射野的吸收剂量与同条件下的参考射野的吸收剂量比值。参考射野大小一般为 10cm×10cm，测量条件（水面 SSD 及测量深度）及其他目标射野的选取应根据 TPS 调试的数据采集要求确定。

材料：三维水箱系统、水。

步骤：①机架、准直器调至 0°，设置射野参数（能量、大小、MU 数）；②按正确的方法和步骤进行三维水箱摆位（包括水面 SSD 的设置）；③在三维水箱系统的专用软件中设置相应的测量参数（包括测量深度的设置）；④测量 10cm×10cm 射野及其他目标射野的吸收剂量 D_{ref}、D_o；⑤计算各比值 D_o/D_{ref} 后与 TPS 模型中的 Scp 对比，并判断其是否在容差范围内。

注意事项：

● 30cm×30cm 规格的小水箱不适合测量射野输出因子，因为在测量大野（如大于 20cm×20cm）剂量时小水箱不能提供足够的反向散射体。

● 对于小野的输出因子的测量，可使用菊花链的方法测量。

3. MLC 穿射因子

方法：严格来说，穿射因子包括单个叶片的穿射因子和叶片间的穿射因子，且后者比前者大。AAPM No.72 指出，取两者的平均值用于计划设计已达到精度要求。由于穿射因子在垂直于 MLC 侧面的方向上呈周期性变化（周期为叶片宽度 1cm），为了更加准确地评估其平均值，本项目选 2 个位置 $(0,0)$、$(0,0.5)$ 做测量点，如图 8-67A 中的 A、B 两点。首先在开野、MLC 闭合野的条件下测量 A 点电离室的平均读数 D_1、D_2，然后在开野、MLC 闭合野的条件下测量 B 点电离室的平均读数 D_3、D_4。根据定义，MLC 平均穿射因子 $\mu = \dfrac{D_2}{D_1} + \dfrac{D_4}{D_3}$。

材料：0.6cm³ 指形电离室、静电计、固体水、辐射显示胶片。

步骤：①设置以下测试射野。a. 开野：钨门大小 10cm×10cm，MLC 大小 10cm×10cm，如图 8-67A 所示；b. MLC 闭合野：钨门大小 10cm×10cm，MLC 完全关闭且闭合位置在射野外，如图 8-67B 所示；c. 开野和 MLC 闭合野 MU 为 500。②机架、准直器调至 0°。③将指形电离室插入固体水，调节床位置使电离室的有效测量点位于 A 点（即等中心点）；④调节固体水的厚度使电离室的有效测量点落在 D_{max} 深度处；⑤分别执行开野测试例、MLC 闭合野测试例 3 次，得到平均读数 D_1、D_2；⑥移动床使电离室的有效测量点位于 B 点 $(0,0.5)$；⑦分别执行开野测试例、MLC 闭合野测试例 3 次，得到平均读数 D_3、D_4；⑧计算 MLC 平均穿漏射因子 $\mu = \dfrac{D_2}{D_1} + \dfrac{D_4}{D_3}$；⑨使用胶片测量 MLC 闭合野，查看是否存在穿射较高的区域。

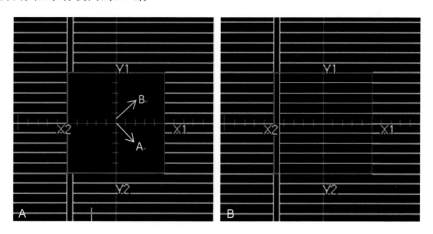

图 8-67　MLC 穿射因子的测试射野

A.MLC 开野示意图；B.MLC 闭野示意图

注意事项：

● 执行步骤⑨时可通过选择显色灵敏度高的胶片，增大 MU 数，升高有效测量点的位置等方法提高胶片的变色程度。

● 为了更准确地评估平均穿射因子，测量时应选择大体积电离室做探测器且使电离室的中心轴与 MLC 侧面垂直。

8.4.3　绝对剂量

1. 剂量刻度

方法：

（1）采用 JJG 589-2008 推荐的方法，按以下公式计算剂量输出

$$D_w = M \cdot N_k \cdot (1-g) \cdot K_{att} \cdot K_m \cdot S_{w,air} \cdot P_u \cdot P_{cel} \qquad (8-4)$$

或者，$$D_w = M \cdot N_x \cdot \frac{W}{e} \cdot K_{att} \cdot K_m \cdot S_{w,air} \cdot P_u \cdot P_{cel} \qquad (8-5)$$

各参数定义及获取方法如下。

D_w：电离室有效测量点处水中的吸收剂量。

M：标准静电计的读数，经气温、气压修正。

N_x：空气比释动能校准因子，由国家计量院提供，如图 8-68A 所示。

N_k：照射量校准因子，由国家计量院提供，如图 8-68B 所示。

g：X 射线辐射产生的次级电子消耗与韧致辐射的能量占其初始值能量总和的份额，取值 0.003。

$\dfrac{W}{e}$：在空气中形成每对离子所消耗的平均能量，取值 33.97J/C。

$S_{w,air}$：校准深度水对空气的平均阻止本领比。光子线可根据辐射质 D_{10}/D_{20} 或 TPR_{10}^{20} 查附录表 A-1 获得；电子线可通过查附录表 A-2 获得。

K_{att}：校准电离室时，电离室室壁及平衡帽对校准辐射的吸收和散射的修正。根据厂家技术手册获取。

K_m：电离室室壁及平衡帽的材料对校准辐射空气等效不充分而引起的修正。根据厂家技术手册获取。

图 8-68 **基于空气比释动能的校准证书**

A. N_x 校准证书；B. N_k 校准证书

P_u：扰动修正因子。光子线可根据射线质和室壁材料根据附录图 A-1；电子线可按以下步骤计算：先从 PDD 曲线上读取 R_p（电子束射程）、R_{50}（半值深度），然后计算 $\overline{E}_0 = 0.656 + 2.059 R_{50} + 0.022 \left(R_{50} \right)^2$，接着通过查附录表 A-3 求出 $\overline{E}_Z$，最后根据 $\overline{E}_Z$ 值和电离室半径查附录表 A-4 获得 P_u。

P_{cel}：中心电极影响，其数值取 1。

（2）采用 IAEA 398 推荐的方法，按以下公式刻度剂量。

$$D_W = M_Q \cdot N_{D,W} \cdot K_Q \tag{8-6}$$

$$\text{其中，} M_Q = M_{raw} \cdot P_{TP} \cdot P_{ion} \cdot P_{pol} \cdot P_{ele} \tag{8-7}$$

$$P_{TP} = \frac{T + 2.732K}{T_0} \times \frac{P_0}{P} \tag{8-8}$$

$$P_{ion} = 1 - \frac{V_H}{V_L} \bigg/ \frac{M_{raw}^H}{M_{raw}^L} - \frac{V_H}{V_L} \tag{8-9}$$

$$P_{pol} = \left| \frac{M_{raw}^+ - M_{raw}^-}{2 M_{raw}} \right| \tag{8-10}$$

各参数定义及获取方法如下。

D_W：电离室有效测量点处水中的吸收剂量，由式（8-6）计算。

M_Q：经修正后的电离电荷，由式（8-7）计算。

M_{raw}：测量所得电离电荷，从静电计直接读取。

P_{TP}：空气密度修正因子，由式（8-8）计算，T、P 为现场测量的气温、气压 T_0、P_0，为校准条件下的气温、气压。

P_{ion}：离子复合修正因子，由式（8-9）计算或国家计量院提供，V_H、V_L 分别为双电压测量法中的相对高、低电压，M_{raw}^L、M_{raw}^H 分别为电离室在 V_H、V_L 时的测量电离电荷。

P_{pol}：电离室极化效应修正因子，由式（8-10）计算或国家计量院提供，M_{raw}^+、M_{raw}^- 分别为电离室工作电压是正、负高电压时测量所得电离电荷。

P_{ele}：静电计电荷测量修正因子，若电离室与静电计同时校准，此修正项取值为 1。

$N_{D,W}$：$^{60}\text{Co}\ \gamma$ 射线水吸收剂量校准因子，由国家计量院提供，如图 8-69 所示。

K_Q：辐射质转换因子，根据辐射质 TPR_{10}^{20} 及所使用的电离室类型查附录表 B-1（光子线）与表 B-2（电子线）获取。

材料：0.6cm^3 指形电离室、静电计、小水箱、水、温度计、气压计、气泡水平尺。

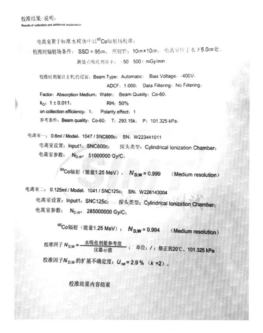

校准结果/说明:
Results of calibration and additional explanation

电离室置于标准水模体中以⁶⁰Co辐射场校准:

校准时辐射场条件: SSD = 95cm, 照射野: 10cm×10cm, 电离室位于水下5.0cm处.

测量点吸收剂量率 : 50 mGy/min

校准时测量计主机的设置: Beam Type: Automatic; Bias Voltage: -400V;
ADCF: 1.000; Data Filtering: No Filtering;
Factor: Absorption Medium: Water; Beam Quality: Co-60;
k_Q: 1 ± 0.011; RH: 50%
on collection efficiency: 1; Polarity effect: ;
参考条件: Beam quality: Co-60; T: 293.15k; P: 101.325 kPa;

电离室一: 0.6ml / Model: 1047 / SNC600c; SN: W223441011
电离室设置: Input1; SNC600c; 探头类型: Cylindrical Ionization Chamber;
电离室参数: $N_{D,W}$: 51000000 Gy/C;

⁶⁰Co辐射(能量1.25 MeV) $N_{D,W}$ = 0.999 (Medium resolution)

电离室二: 0.125ml / Model: 1041 / SNC125c; SN: W226143004
电离室设置: Input1; SNC125c; 探头类型: Cylindrical Ionization Chamber;
电离室参数: $N_{D,W}$: 285000000 Gy/C;

⁶⁰Co辐射(能量1.25 MeV) $N_{D,W}$ = 0.994 (Medium resolution)

校准因子 $N_{D,W}$ = $\dfrac{水吸收剂量参考值}{仪器示值}$; 单位: / ; 修正到20℃, 101.325 kPa

校准因子 $N_{D,W}$ 的扩展不确定度: U_{rel} = 2.9% (k = 2)

校准结果内容结束

图 8-69　基于水中吸收剂量的校准证书

步骤：①机架、准直器调至 0°，设置射野能量、大小（10cm×10cm），MU 数（100）；②将水箱置于治疗床上，对齐十字线（图 8-70A）后往其中加水至校准深度附近；③借助气泡水平仪通过调节水箱的 4 个可调底座调平水箱，如图 8-70B 所示；微调水箱中的水量使电离室的有效测量点准确地处于校准深度，如图 8-70C 所示；④若是测量电子线，则安装 10cm×10cm 的限光筒（测量光子线省略此步）；⑤调节治疗床的高度使水面 SSD=100cm，如图 8-70D 所示；⑥用温度计测量水温，用气压计测量大气压，若是机械气压表，需按说明书和检定证书进行修正，如图 8-70E 所示；⑦将电离室连接静电计后插入小水箱的适配孔；⑧将所有的修正因子输入静电计，如图 8-70F 所示；⑨加速器出束 500MU 预热；⑩加速器出束 100MU，读取静电计的读数 M_1；⑪重复步骤⑩ 2 次，得到读数 M_2、M_3；⑫计算 M_1、M_2、M_3 的平均值 $\overline{M}$ 即为吸收剂量 D_W。

注意事项：

● 方法（1）中：光子线 $TPR_{10}^{20} \leqslant 0.7$ 校准深度为 5cm，$TPR_{10}^{20} > 0.7$ 校准深度为 10cm；电子线 $\overline{E}_0 < 10\text{Mev}$，校准深度为 max{1cm，$d_{\max}$}，电子线 $\overline{E}_0 \geqslant 10\text{Mev}$，校准深度为 max{2cm，$d_{\max}$}，$d_{\max}$ 为最大剂量深度。

● 方法（1）中：设电离室的有效测量点与几何中心距射线入射的模体表面的距离分别为 d_{eff} 与 d_p，则在光子线与电子线测量时 $d_p - d_{eff}$ 分别取值 0.6r、0.5r，r 为圆柱形电离室空腔半径。

图 8-70　检测加速器的剂量输出

A. 水箱对齐十字线；B. 借助气泡水平仪调平水箱；C. 有效测量点准确地处于校准深度；D. 调节水面 SSD=100cm；E. 按公式修正气压值；F. 静电计输入修正因子

- 方法（2）中：光子线 $TPR_{10}^{20} \leqslant 0.7$ 校准深度为 10cm 或 5cm，$TPR_{10}^{20} > 0.7$ 校准深度为 10cm；电子线的校准深度为 $(0.6R_{50} - 0.1)$ cm。

- 方法（2）中：光子线测量时电离室的有效测量点与几何中心重合，即 $d_p = d_{eff}$，电子线测量时 $d_p - d_{eff}$ 仍等于 0.5r。

- 方法（2）中：在 IAEA398 报告中查询 K_Q 值时，若查询表中没有所使用的电离室型号，根据 AAPM TG51 报告建议：可使用结构与之最匹配的电离

室对应的 K_Q 值，匹配指标按优先级依次为室壁材料、空腔半径、有无铝电极及室壁厚度，由此引进的误差不超过 0.5%。

● 测量前应将水放置机房足够长的时间以平衡水温和室温。

● 测量前静电计应通电足够长的时间以使其电子元件达到稳定状态。

● 当校准深度较小时（如 5cm），光距尺的 100cm 刻度线可能被箱体遮挡，如图 8-71A，而导致 SSD 显示值错误（误差可达 5mm），这时应使用激光灯对位。

● 应确保小水箱的插件的几何精度（图 8-71B）、材料成分（图 8-71C）箱体刻度线（图 8-71D）符合要求，这些因素可能会影响剂量的测量，特别是对电子线的测量影响较大。所以建议小水箱经三维水箱做剂量比对且合格后方可应用于临床。

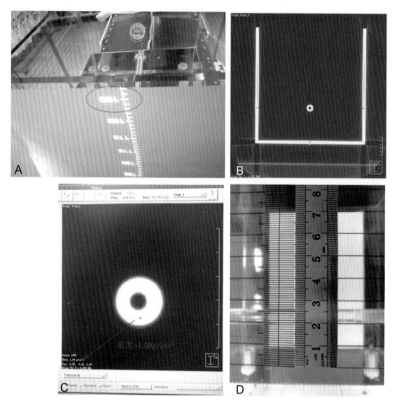

图 8-71　使用小水箱时需注意的细节

A. 光距尺的 100cm 刻度线被遮挡；B. 在 CT 图像中验证水箱插件的几何中心与箱体上的 0cm 刻度线在同一水平上；C. 在 CT 图像中通过读取插件壁的密度验证其材料成分；D. 用钢直尺验证箱体刻度线的准确性

2. 剂量重复性

方法：在剂量刻度条件下重复 n 次测量，得到 n 个读数，用变异系数 S 表征重复性。

$$S=\frac{1}{\bar{R}}\sqrt{\sum_{i=1}^{n}\frac{(\bar{R}-R_i)^2}{n-1}}\times100\% \tag{8-11}$$

$$\bar{R}=\frac{1}{n}\sum_{i=1}^{n}R_i \tag{8-12}$$

式中：$\bar{R}$ 为由式（8-12）确定的比值 R_i 的平均值；R_i 第 i 次测量所得的 MU 数与吸收剂量测量值的比值；n 为测量次数。

材料：指形电离室、静电计、小水箱、水、温度计、气压计、气泡水平尺。

步骤：①按 8.4.3 中 1. 的各步骤测得剂量读数 R_1；②继续出束 n-1 次获得剂量读数 n-1 个读数 R_2，R_3，…，R_n；③根据式（8-11）计算 S。

注意事项：

● 根据 GB15213-2016 要求，所有能量的测量次数 n 均取 10。

● 应针对所有能量执行本项目检测。

3. 剂量线性

方法：在剂量刻度条件下，分别设置 MU 数为 $U_i=100i$（i=1,2,3,4,5）；并测量对应的剂量读数 D_i，对各个 D_i 数据用最小二乘法求出下列关系式：

$$D_c=SU+b \tag{8-13}$$

式中：D_c 为用最小二乘法求出的吸收剂量计算值；S 为线性因子；U 为 MU 数；b 为直线与纵坐标轴的截距。

用 D_i 与 D_{ci} 之间的最大偏差评估剂量线性：

$$最大偏差\ \Delta=\frac{(D_i-D_{ci})_{max}}{U_i}\times100\% \tag{8-14}$$

材料：指形电离室、静电计、小水箱、水、温度计、气压计、气泡水平尺。

步骤：①执行 8.4.3 中 1. 的步骤①～⑩；②依次设置 MU 数为 100、200、300、400、500 和 600，测得剂量平均读数 D_1、D_2、D_3、D_4、D_5、D_6；③用最小二乘法求得 S，b；④按式 8-14 求出 Δ，如图 8-72 所示。

能量：6MV　600MU/min

MU	读数1	读数2	Di	S	b	D ci	偏差
100	99.50	99.60	99.55	1.0028	-1.12	99.16	0.39%
200	199.30	199.50	199.40	1.0028	-1.12	199.44	-0.02%
300	299.50	299.50	299.50	1.0028	-1.12	299.72	-0.07%
400	399.50	399.70	399.60	1.0028	-1.12	400.00	-0.10%
500	499.80	500.40	500.10	1.0028	-1.12	500.28	-0.04%
600	601.40	600.80	601.10	1.0028	-1.12	600.56	0.09%

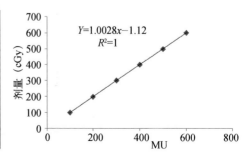

图 8-72　剂量线性数据及处理

注意事项：应针对所有能量执行本项目检测。

4. 剂量输出与剂量率的关系

方法：设某能量射线具有 n 档剂量率，在剂量刻度条件下，设置剂量率为第 i 档（i=1，2，…，n），每档出束 3～5 次，记录剂量平均读数 L_i。对所有的 L_i 值，用标准差 SD 评估其稳定性：

$$SD=\sqrt{\sum_{i=1}^{n}\frac{(\bar{L}-L_i)^2}{n-1}}\times100\% \tag{8-15}$$

$$\bar{L}=\frac{1}{n}\sum_{i=1}^{n}L_i \tag{8-16}$$

材料：指形电离室、静电计、小水箱、水、温度计、气压计、气泡水平尺。

步骤：①设置剂量率为第 1 档，按剂量刻度步骤测得剂量平均读数 L_1；②更改剂量率，依次设置剂量率为第 i 档（i=2，3，…，n），并测量的剂量平均读数 L_i；③根据式（8-15）计算 SD。

注意事项：应针对所有能量执行本项目检测。

5. 剂量输出与机架角的关系

方法：本项目检测的关键是要保证机架旋转过程中测量条件的一致性。可将带有适当建成厚度的电离室置于等中心处，旋转机架至不同的位置 i（共 n 个位置），分别照射一定量的 MU 数后记录剂量平均读数 G_i。用标准差 SD 评估其稳定性：

$$SD=\sqrt{\sum_{i=1}^{n}\frac{(\bar{G}-G_i)^2}{n-1}}\times100\% \tag{8-17}$$

$$\bar{G}=\frac{1}{n}\sum_{i=1}^{n}LG_i \tag{8-18}$$

材料：指形电离室（含建成帽）、探头适配器、静电计。

步骤：①准直器调至 0°，射野大小开至 10cm×10cm，MU 数设置为 100；②利用探头适配器（固定在床上）将带上建成帽的电离室置于等中心处并对齐十字线（电离室中心轴与机架旋转轴重合）；③将电离室连接静电计；④加速器出束 100MU，测量不同机架角度下获得剂量平均读数 G_i；⑤对所有的 G_i，按式 8-17 计算 SD。

注意事项：

● 应针对所有能量执行本项目检测。

● 建议 n 个位置中至少包含四个主要角度：0°、90°、180°、270°。

● 实践中若没有专用的探头适配器，可用大小合适的塑料管套代替或使用与机架同步旋转的探测器，如图 8-73。

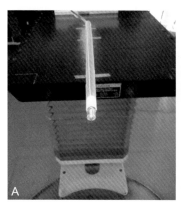

图 8-73　缺少探头适配器情况下的摆位装置

A. 用合适的塑料管套作为探头支架 ；B. 使用与机架同步旋转的探测器

8.5　图像引导系统质控

随着图像引导放射治疗（IGRT）的普及，目前商用的医用直线加速器基本上都配备了图像引导系统（IGS）以实现病人治疗前的摆位验证和治疗中的靶区定位。图像引导系统的机械精度和图像质量是正确实施图像配准的必要条件，机械误差将会直接传递到病人治疗中心的调整中，图像质量会影响图像匹配的精度和效果。因此，需要对图像引导系统制订一系列的质控规程。医科达 Synergy 医用直线加速器配备了基于电子射野成像（electrical portal imaging，EPI）技术的二维图像引导系统 iView GT 和基于锥形束 CT（cone beam CT，CBCT）成像技术的三维图像引导系统 XVI。本节主要介绍 iView GT 和 XVI 的质控方法和步骤。

8.5.1　模体简介

1. TOR 18FG 型 X 射线模体　TOR 18FG 模体是专用于检测 X 线摄片质量的体模，包括一块圆盘形体模和一片 1mm 厚的铜板，如图 8-74A。圆盘形体模上有 18 个直径为 8mm 的圆盘，如图 8-74B，用于检测低对比度分辨率，检测范围为 0.9% ～ 16% ；21 组细条线用于检测分辨率，每组有 5 条细线，检测范围为 0.5 ～ 5LP/mm。铜板主要用于滤过。曝光后，通过细数图像上能清晰分辨的小圆盘数目，并根据厂商提供的对照表，可读取低对比度分辨率的数值。能显示的小圆盘数目越多，低对比度分辨率越好。在图像中心的白色小方框内自上向下再自左向右的顺序，读取能清晰分辨的条纹序号，查对厂商提供的条纹 -

分辨率对照表，可确定平面空间分辨率的数值。

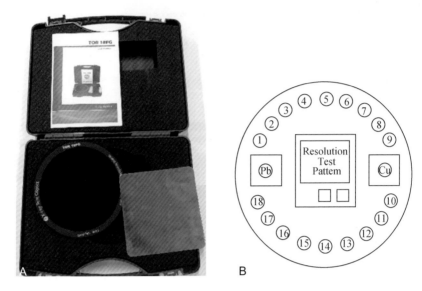

图 8-74　TOR 18FG 型 X 射线模体

A. 模体实物图；B. 模体内部结构示意图

2. Lasvegas 模体　Lasvagas 模体由 6 层边长 14cm 方形（有一个小缺角）铝质板叠放而成（图 8-75A），各铝质板的厚度按自下而上顺序分别为 4.8mm、0.51mm、1mm、2mm、3.2mm、9.5mm。除 9.5mm 铝板无钻孔外，其余铝板均钻有直径为 1mm、2mm、4mm、7mm、10mm 的孔，而且 1mm、2mm 和 3.2mm 铝板还钻有直径为 15mm 的孔，如图 8-75B。在同一片铝板内，孔到铝板同一侧面的距离相等，该距离因铝板而异，如按铝板自下而上顺序则分别为 3cm、11cm、9cm、7cm、5cm。Lasvegas 模体可用于检测 MV 束流的成像质量，通过判断 MV 图像哪些厚度的孔可视确定其对比度分辨率，通过判断 MV 图像哪些直径的孔可视确定其空间分辨率。

3. Catphan503 模体　Catphan503 模体由美国模体实验室生产，医科达用此模体协助调试 Snynergy 影像引导医用直线加速器上的千伏级 X 线容积影像系统（XVI），应用于医科达 3D XVI 的验收测试和 CBCT TG-142 的成像性能测试。该模体由一个外径 20cm 的圆筒状外壳，如图 8-76A 及其内部并排安插的 CTP404、CTP528、CTP486 三个检测模块构成，如图 8-76B。模体被放置在储运箱内，在检测时储运箱可以作为模体的支架，如图 8-76C。

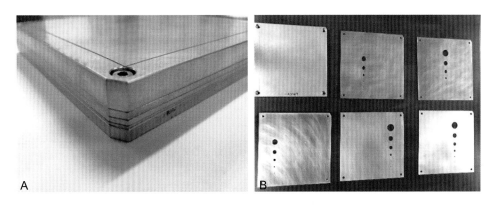

图 8-75　Lasvegas 模体

A. 模体的叠层结果；B. 铝质板上的钻孔

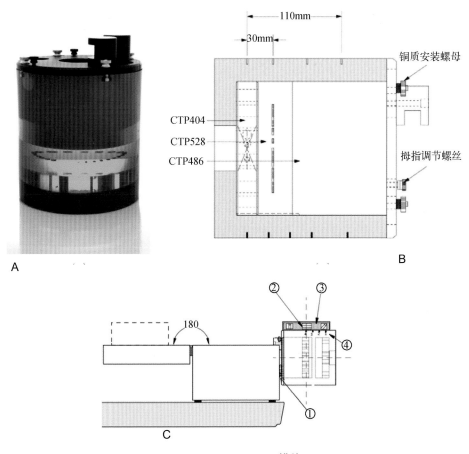

图 8-76　Catphan503 模体

A. 实物图；B.Catphan503 模体内部模块布局；C. 储运箱用作模体支架

①调平螺母；②第 4 位置对齐标记；③气泡水平尺；④对齐标记

下面分别对这三个模块进行介绍。

（1）CTP404 模块：又称为几何和感光（线性）检测模块，该模块直径 15.0cm，厚 2.5cm，主要包括以下四个部分，如图 8-77。

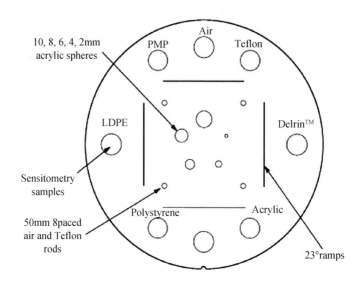

图 8-77　CTP404 结构图

两组分别与 x 轴、y 轴平行且相对的金属导线斜坡，斜坡的角度均为 23°，用于测量扫描切片几何形状、验证模体位置、检查病人对位系统和扫描增量。

7 个直径 1.25cm 的小圆柱体感光测量样品环绕在金属导线斜坡周围，分别用不同密度的材料制成（表 8-9），样品的密度不同，线性衰减系数不同，用以测量 CT 值的线性。

表 8-9　各种材料的理化值

化学名称	英文名称	化学式	电子密度（1023e/g）	标准 CT 值
聚四氟乙烯	teflon	$[CF_2]$	2.899	990
聚甲醛树脂	delrin	Proprietary	3.209	340
丙烯	acryli	$[C_5H_8O_2]$	3.248	120
水	water	$[H_2O]$	3.343	0
聚苯乙烯	polystyrene	$[C_8H_8]$	3.238	－35
低密度聚乙烯	lDPE	$[C_2H_4]$	3.429	－100
聚甲基戊烯	pMP	$[C_6H_{12}（CH_2）]$	3.435	－200
空气	air	78%N，21%O，1%Ar	3.007	－1000

中心处 4 个直径为 3mm 的圆柱体形成了 5cm 的方形，用于检测像素尺寸；方形内 5 个直径分别为 2mm、4mm、6mm、8mm、10mm 的丙烯酸球体，用来评估扫描仪的成像性能。

（2）CTP528 模块：又称为高分辨率检测模块，该模块直径 15cm，厚 4cm，由 21 组呈放射状分布的高密度线对和两个相同材质的脉冲源（点珠）构成，如图 8-78。21 组线对由 2mm 厚的铝片制成，包含在环氧树脂中，分辨率从 1 个线对 / 厘米～ 21 个线对 / 厘米，精度是 0.5 线对，如表 8-10 和图 8-79。点珠位于沿 y 轴距模块中心 20cm 以上或以下、沿 z 轴 2.5mm 和 10mm 的位置 (图 8-79)。

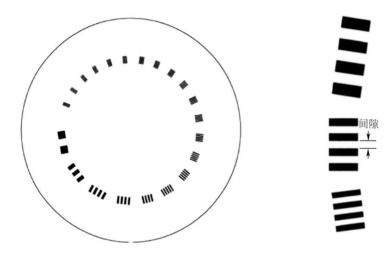

图 8-78　CTP528 模块结构图　　　　图 8-79　线对间隙

表 8-10　21 组线对之间的间隙大小

线对 /cm	间隙大小	线对 /cm	间隙大小
1	0.500cm	11	0.045cm
2	0.250cm	12	0.042cm
3	0.167cm	13	0.038cm
4	0.125cm	14	0.036cm
5	0.100cm	15	0.033cm
6	0.083cm	16	0.031cm
7	0.071cm	17	0.029cm
8	0.063cm	18	0.028cm
9	0.056cm	19	0.026cm
10	0.050cm	20	0.025cm
		21	0.024cm

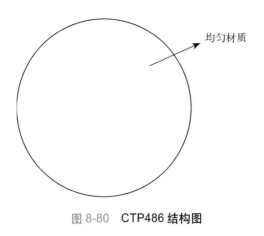

图 8-80　**CTP486 结构图**

（3）CTP486 模块：又称为均匀性检测模块，该模块直径 15cm，厚 5cm，由均匀材质制成（图 8-80），这种材质的 CT 值在标准扫描中与水的密度偏差在 2%（20H）内。设定同样大小的感兴趣区（ROI），分别测量均匀图像中心和周围上、下、左、右四个方向上 ROI 内大量点的 CT 平均值，并计算其与 CT 值标准偏差等，用于检测空间均匀性、CT 平均值和噪声等参数。

Catphan503 的摆位与成像可按以下步骤进行：①预热球管；②将治疗床转到 0°；③将模体箱子放到治疗床上，靠到 G 方向的床沿，盖子朝着 T 方向；④打开箱子，取出模体，将模体安置到打开的箱子上；⑤将气泡水平尺放置在模体上，调节调平螺母使模体水平；⑥通过调节床的位置，使激光灯对齐模体表面相应的标记点；⑦将 kV 探测板移动到 S 位置；⑧根据需要在 kV 放射源的机械臂上装载相应的准直器片匣和过滤器片匣；⑨机架角度旋转至 − 180°（或 − 179.9°）；⑩根据需要，依次创建 Patient 名称和 Treatment 名称，并选择 kV Images；⑪根据需要选择对应的预设扫描条件，如用于检测均匀性则选择 CAT Image Quality Uniformity；⑫执行 CBCT 扫描，扫描结束后系统将自动重建图像；⑬点击 Accept 接受重建的图像。

4. Ball-bearing 模体　Ball-bearing 是医科达公司专用的辅助验证模体，用于验证 XVI 系统 kV 成像中心与加速器 MV 治疗中心的位置偏差。该模体由适配板、塑料管、金属球和游标卡尺组成，如图 8-81。利用适配板可将游标卡尺固定在治疗床上，游标卡尺与塑料管相连，塑料管的另一端则嵌入金属球。金属球的直径是 8mm，可借助游标卡尺在三维空间的 X、Y、Z 方向上移动，其移动精度可达 0.01mm。

8.5.2　iView GT 图像引导系统质控

空间分辨率和低对比度分辨率

方法：根据 Las vegas 专用模体的 EPID 图像中可视的小孔分布判断空间分辨率和低对比度分辨率是否符合要求。

材料：Las vages 模体。

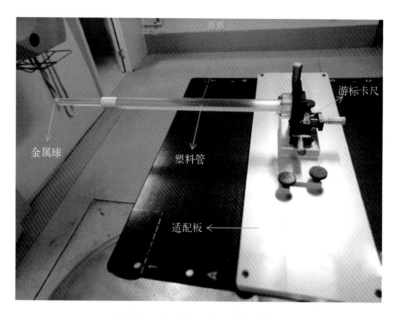

图 8-81　Ball-bearing **模体实物图**

步骤：以 6MV 为例。①机架角与准直器角均调至 0°，展开探测板至等中心位置；②将 Las vegas 模体按图 8-82A 的方向置于治疗床上，调节床的位置使得 Las vegas 模体的上表面与等中心齐平，如图 8-82B；③进入 LCS 系统的临床模式，创建新射野，其参数为：Energy 设置为 6mV，Gantry 设置为 0°，Diaphragm 设置为 0°；射野大小为 12cm×12cm，Wedge 设置为 OUT，MU 数设置为 100；④进入 iViewGT 系统的临床模式，创建新射野，其参数为：Field ID 设置为 6mV，Gain 设置为 Low，Frame averaging 设置为 Maximum，Energy 设置为 Low；⑤加速器出束获取单曝光 EPID 图像；⑥利用对比度和亮度功能优化显示的 MV 图像，如图 8-82C，并验证图像中可视的小孔分布对应的与参考分布相同，如图 8-82D；⑦对于其他能量，重复步骤①～⑦（仅需将射野参数设置为其他能量）。

注意事项：能量不同，可视小孔的分布也不同。

8.5.3　XVI 图像引导系统质控

8.5.3.1　3D 图像均匀性
方法：利用 Catphan503 的 CTP486 模块检测图像的均匀性。
材料：Catphan503 模体。

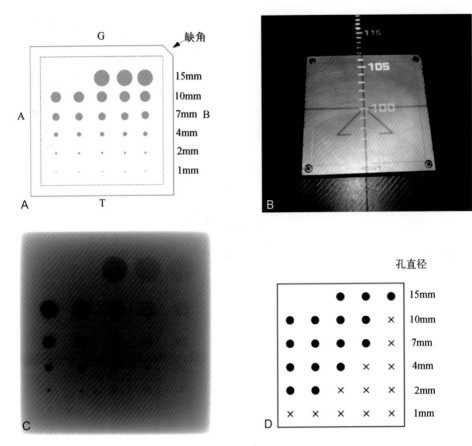

图 8-82　用 Las vegas 模体检测 iView GT 系统的空间分辨率和低对比度分辨率
A. 模体摆位方向；B. 模体的上表面与等中心齐平；C. 经对比度和亮度功能优化后的 MV 图像；
D.6MV 对应的可视小孔参考分布

步骤：①按 8.5.1 中 3. 中的描述的方法采集 CTP486 的 kV 图像并进入 View Reconstruction 界面；②在 Slice Averaging 下拉菜单选择 3 slice；③在 Transverse 视图下，滚动层面至均匀模块可见，如图 8-83；④在 Transverse 视图中按鼠标右键，选择下拉菜单中的 Pixel Value Loc 打开 Image probe 对话框，如图 8-84；⑤在 Transverse 窗口，放大图像至 Image probe 对话框中的 Box 指示值为 1.00cm；⑥必要时调节对比度设置和亮度设置；⑦用鼠标左键单击图像的中心，将平均像素值记录在表 8-11 中；⑧用鼠标左键单击另外 4 个随机位置并依次将平均像素值记录在表 8-11 中；⑨用式（8-19）计算图像均匀性并确保其在容差范围内。

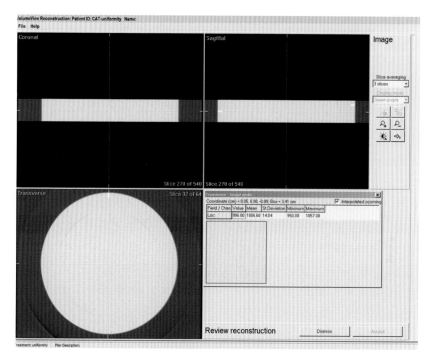

图 8-83　Transverse 视图下层面滚动至均匀模块可见

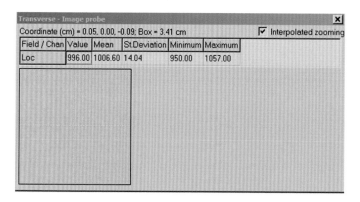

图 8-84　Image probe 对话框

表 8-11　不同位置平均像素值记录表

区域	平均像素值
图像中心	
图像随机位置 1	
图像随机位置 2	
图像随机位置 3	

注意事项：

● 采集模体的 CBCT 图像时，装载 S10 准直器片匣且激光对齐模体上的第 4 标记。

● 4 个随机位置不能太靠近图像的边缘，一般在图像中心的左、右、上、下 4 个方向选取。

$$图像均匀性 = \frac{最大平均像素值 - 最小平均像素值}{最大平均像素值} \times 100\% \tag{8-19}$$

8.5.3.2　图像低对比度分辨率

方法：利用 Catphan503 的 CTP404 模块检测图像的对比度分辨率。

材料：Catphan503 模体。

步骤：①按 8.5.1 中 3. 中描述的方法采集 CTP404 模块的 kV 图像并进入 View Reconstruction 界面；②在 Slice Averaging 下拉菜单选择 3 slice；③在 Transverse 视图下，滚动层面至对比度分辨率模块可见，如图 8-85，且白色的标记在水平方向和垂直方向平齐；④在 Transverse 视图中按鼠标右键，选择下拉菜单中的 Pixel Value Loc，并打开 Image probe 对话框；⑤拖动图像使聚苯乙烯插件位于 Transverse 视图中心；⑥在 Transverse 窗口，放大图像至 Image probe 对话框中的 Box 指示值为 0.35cm；⑦用鼠标左键点击聚苯乙烯插件的中心位置，同时确保 Image probe 对话框不显示插件的边缘，然后将平均像素值和标准差填在表 8-12 中；⑧针对低密度聚乙烯插件，重复步骤⑤～⑦；⑨参考模体用户手册获取聚苯乙烯和低密度聚乙烯的 CT 值并填入表 8-12 中；⑩用式 (8-20) 计算图像低对比度分辨率并确保其在容差范围内。

注意事项：采集模体的 CBCT 图像时，装载 S10 准直器片匣且激光对齐模体上的第 1 标记。

$$低对比度分辨率 = \frac{(CT_{聚苯乙烯} - CT_{低密度聚乙烯})/10}{\left\{\dfrac{Mean_{聚苯乙烯} - Mean_{低密度聚乙烯}}{(SD_{聚苯乙烯} + SD_{低密度聚乙烯})/2}\right\}} \times 100\% \tag{8-20}$$

表 8-12　**参考模体用户手册获取聚苯乙烯和低密度聚乙烯的 CT 值**

插件	平均像素值 (Mean)	标准差 (SD)	CT 值
聚苯乙烯			
低密度聚乙烯			

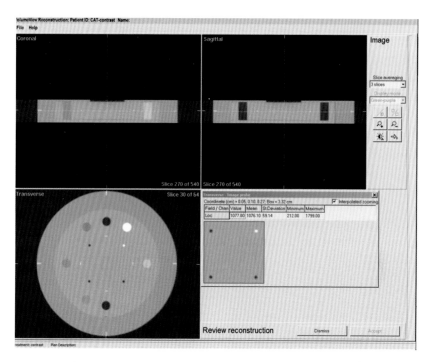

图 8-85　Transverse 视图下层面滚动至几何感光模块可见

8.5.3.3　图像空间分辨率

方法：利用 Catphan503 的 CTP528 模块检测图像的空间分辨率。

材料：Catphan503 模体

步骤：①按 8.5.1 中 3. 中描述的方法采集 CTP528 模块的 kV 图像，并进入 View Reconstruction 界面；②在 Slice Averaging 下拉菜单选择 3 slice；③在 Transverse 视图下，滚动层面至空间分辨率模块可见，同时当前 CT 层位于模块图像的中间层，如图 8-86；④放大图像使其填满 Transverse 视图；⑤调节窗宽窗位使可分辨的线对数量最多；⑥确保可分辨的线对数在容差范围内。

注意事项：采集模体的 CBCT 图像时，装载 S10 准直器片匣且激光对齐模体上的第 2 标记。

8.5.3.4　图像几何精度

方法：利用 Catphan503 的 CTP404 模块检测图像的几何精度。

材料：Catphan503 模体

步骤：①按 8.5.1 中 3. 中描述的方法采集 CTP404 模块的 kV 图像并进入 View Reconstruction 界面；②在 Slice Averaging 下拉菜单选择 3 slice；③在 Transverse 视图下，滚动层面至对比度分辨率模块可见；④测量并记录上方空气插件至下方空气插件的距离 T_1 与左边缩醛树脂插件到右边低密度聚乙烯插件的距离 T_2，如图 8-87；⑤（T_1 − 117）和（T_2 − 117）即为图像横断面的垂向几何精度和水平几何精度；⑥在 Sagittal 视图下，滚动层面至图像中间层；⑦调节对比度和亮度使图像中的标记点清晰可见，并测量、记录第 1 标记点至第 4 标记点的距离 S，如图 8-88；⑧（S − 110）即为图像矢状方向几何精度。

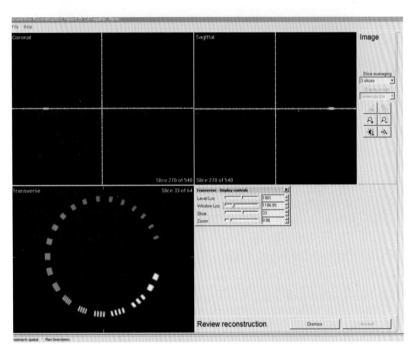

图 8-86　Transverse 视图下层面滚动至高对比度模块可见

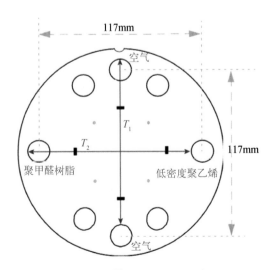

图 8-87　在横断面上测量 T_1 与 T_2

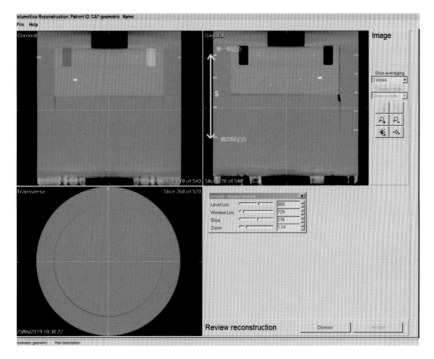

图 8-88　在矢状面上测量 S

注意事项

● 采集模体的 CBCT 图像时，装载 S_{20} 准直器片匣且激光对齐模体上的第 3 标记。

● 系统显示距离的单位是厘米，要将其转换成毫米。

● 容差范围 4 像素相当于 1.04mm。

8.5.3.5　2D 图像低对比度分辨率

方法：曝光 TOR 18FG 模体后，通过细数图像上能清晰分辨的小圆盘数目，并根据厂商提供的对照表，确定图像低对比度分辨率。

材料：TOR 18FG 模体。

步骤：①预热 kV 放射源球管；②将 TOR 18FG 模体放置于碳纤维床表面，调整床面，使模体上表面的 SSD=100cm；③将 1mm 厚的铜板放置在模体表面并旋转模体 45°，如图 8-89；④将 S20 准直器片匣和 F0 过滤片匣插入 kV 射线源的机械臂；⑤点击 Acquire PlanarView，预设条件选择 Panel Alignment-small FOV 后采集 2D 影像；⑥调节图像亮度和对比度，使图中的亮度指示区域和对比度指示区域清晰可见，如图 8-90 中的①和②；⑦统计并记录可视的圆盘个数。可视个数越多，说明低对比度分辨率越好，如表 8-13。

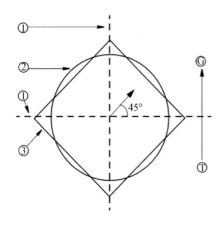

图 8-89　TOR18FG 摆位示意图

①激光线；② TOR 18FG 模体；③ 1mm 铜板

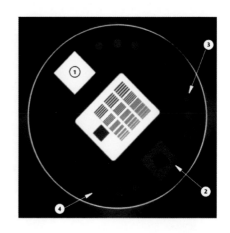

图 8-90　TOR 18FG 模体的曝光图像

①亮度指示区域；②对比度指示区域；③低对比度 7 号圆盘；④低对比度 12 号圆盘

表 8-13　低对比度与圆盘位置关系

圆盘位置	1	2	3	4	5	6	7	8	9
对比度	16%	14.5%	12.30%	10.80%	8.60%	7.60%	6.60%	5.50%	4.50%
圆盘位置	10	11	12	13	14	15	16	17	18
对比度	3.90%	3.30%	2.70%	2.30%	1.80%	1.60%	1.35%	1.15%	0.90%

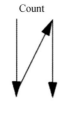
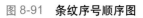

Count

图 8-91　条纹序号顺序图

8.5.3.6　2D 图像空间分辨率

方法：曝光 TOR 18FG 模体后，通过读取能清晰分辨的条纹序号，查对厂商提供的条纹 - 分辨率对照表，可确定图像空间分辨率的数值。

材料：TOR 18FG 模体。

步骤：①执行 8.5.3.5 测试项目中的步骤①～⑥；②在亮度指示区域和对比度指示区域可视的条件下优化调整图像；③按图 8-91 所示的顺序统计并记录可视的条纹序号。

8.5.3.7　2D 图像几何精度

方法：先将 BB 球的位置调到 MV 等中心，然后用 kV 曝光 BB 球，最后在曝光图像上求出 BB 球的坐标与 kV 图像中心坐标的偏差。

材料：Ball-bearing 模体。

步骤：①执行 kV&MV 等中心一致性中的步骤①～⑤，求得 BB 球与 MV 等中心的位置偏差修正值；②根据修正值，借助游标卡尺将 BB 球位置调至 MV 等中心；③在 xvi 系统中依次选择 Bill Ballbearing>treatment1>field kV images；④在机架角分别为 0°，90°，－ 90°，180° 的条件下，点击 Acquire PlanarView，预设条件选择 Panel Alignment-small FOV 后采集 kV 2D 图像；⑤选择第一张图像，依次选择 Tools>Service>Display Pixel Factor Information；⑥在表 8-14 中记录 BB 球中心和图像中心的位置像素并算出两者差值；⑦依次选择其他三张图，重复步骤⑤～⑥。

表 8-14　BB 球中心位置和图像中心位置记录表

图像序号	机架角	BB 球中心（pixel）		图像中心（pixel）		偏差（pixel）	
		X	Y	X	Y	X	Y
1	0°						
2	90°						
3	－90°						
4	180°						

8.5.3.8　KV 配准精度

方法：先将专用模体 Ball-bearing（BB 球）对齐激光，使其落在 kV 束流等中心附近，然后执行 CBCT 扫描，扫描所得图像与 BB 球的参考图像比较，得到第一组修正值 ΔX_1、ΔY_1、ΔZ_1，为摆位误差。经千分尺修正误差后，再次执行 CBCT 扫描，得到第二组修正值 ΔX_2、ΔY_2、ΔZ_2，即为 kV 配准精度。

材料：Ball-bearing 模体。

步骤：①预热 X 射线球管；②移除碳纤维治疗床顶部的延长板；③固定 Ball-bearing 模体于治疗床前端；④调节模体上的千分尺，使 X、Y、Z 三个方向的读数均处于量程的中间位置（5mm）；⑤以激光为参考对模体进行摆位，如图 8-92；⑥展开 kV 影像探测板至小视野（FOV）位置，并将 kV 射线源机械臂拉伸至影像采集位置；⑦将 S20 准直器片匣和 F0 过滤器片匣插入 kV 射线源机械臂内；⑧旋转机架至－180°（或－179.9°）位置；⑨进入 XVI 系统的维修模式；⑩选择 Ballbearing Bill10 的测试病例（设备安装调试时，厂家工程师

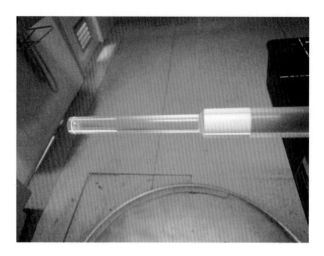

图 8-92　Ball-bearing 模体等中心摆位示意图

已导入）；⑪依次选择 treatment1>AstudyID001 Virtual Ballbearing>kV images；⑫点击 Acquire VolumeView 功能键，在扫描参数的下拉菜单中选择 CAT-Image Registration 扫描条件后完成图像扫描（系统在扫描结束后自动进入重建状态）；⑬点击 Accept 接受重建结果进入 Registration 配准窗口，如图 8-93；⑭选择 Display Mode 下拉菜单中的 Green-purple 选项，选择 Aligment 下拉菜单中的 Manual，点击窗口右侧的 "+" 键放大图像至极限位置，调节窗宽窗位使图像清晰可见；⑮在三个窗口中手动调整紫色小球（参考图像）的位置，使其在横断面、冠状面、矢状面方向上与扫描得到的绿色小球形成同心圆；⑯点击 Convert to Correct 键，第一组修正值 ΔX_1、ΔY_1、ΔZ_1 将显示在右下角的 Correction 栏中；⑰利用千分尺按 ΔX_1、ΔY_1、ΔZ_1 数值修正 BB 球的位置；⑱重复步骤⑩～⑯，得到第二组修正值 ΔX_2、ΔY_2、ΔZ_2，即为 kV 配准精度。

注意事项：

● 测试前应确保加速器机头，kV 射线源机械臂，kV 和 MV 探测板能无障碍地旋转 360°。

● 摆位过程中应确保治疗床的公转角度为 0°，否则无法执行扫描操作。

8.5.3.9　kV&MV 等中心一致性

方法：在已知 kV 配准精度的基础上，检测 MV 配准精度，然后求两者之差。

材料：Ball-bearing 模体。

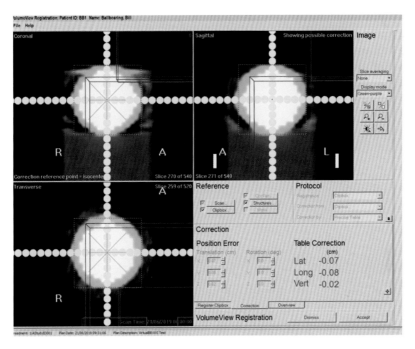

图 8-93　Registration 配准窗口

步骤：①确认 kV 和 MV 影像探测板均处于工作位置；②在 Desktop proTM 界面，依次选择 Delivered Stored Beam>kV Flexmap Cal；③进入 iViewGT^{TM} 的临床模式，创建 ID 号为 CAT 的新病人，treatment ID 和射野 ID 均设置为 1，包含 8 个子野；④选择单曝光模式，并出束；⑤点击 Export Image 功能键，将采集的图像从 iViewGT^{TM} 传到 XVI 系统；⑥点击 Image for this field；⑦在 Image Field Format 的下拉菜单中选择 .his 格式；⑧在 Image files 栏，找到 XVI 系统下共享的 \service_mv_images 文件夹，以步骤 3 中的射野 ID 号为名创建一个新文件夹；⑨打开新建文件夹，在 Files name 栏中输入：#.his，然后点击 save；此时将弹出 Export 窗口；⑩点击 OK 后，采集的 IMRT 图像将传输到指定的文件夹；⑪进入 XVI 系统的维修模式；⑫在 XVI 系统界面依次选择病例 Bill Ballbearing>treatment 1>kV images；⑬依次选择 Service>kV Service Function>Flexmap Functions>Full FlexMap Calibration 启动 FlexMap 校准程序，如图 8-94；⑭依照屏幕弹出的向导说明操作，直到 Isocenter Location 窗口出现；⑮点击选择 Repeat Scan，再点击 Next，随后误差修正值窗口弹出，如图 8-95；⑯记录修正值 ΔX_3、ΔY_3、ΔZ_3；⑰确保 kV 配准精度和 MV 配准精度均 ≤ ±1mm；⑱计算两者差值：$| \Delta X_2 - \Delta X_3 |$，$| \Delta Y_2 - \Delta Y_3 |$，$| \Delta Z_2 - \Delta Z_3 |$。

注意事项：修正值的符号应根据其方向按照 GB 18987-2015 标准确定。

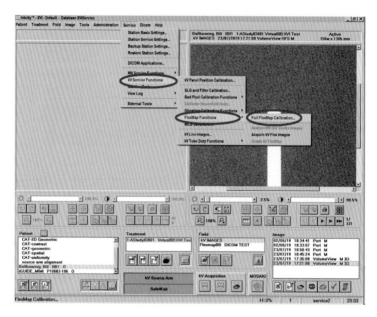

图 8-94　启动 FlexMap 校准程序的操作步骤示意图

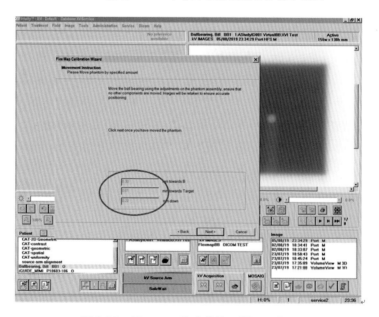

图 8-95　Flexmap 校准的修正值显示窗口

8.5.3.10　治疗床自动修正精度

方法：将放置在等中心位置的 BB 球在 X、Y、Z 三个方向上人为的引入误差，经 kV 扫描成像及配准后由治疗床执行自动修正操作，最后再次扫描 BB 球以验证修正精度。

材料：Ball-bearing 模体。

步骤：①执行 8.5.3.8 的步骤①～⑰将 BB 球调至等中心位置；②利用千分尺人为地给 BB 球引入位置偏差 ΔX、ΔY、ΔZ；③扫描 BB 球（执行 8.5.3.8 的步骤⑩～⑯得出位置修正值 ΔX_4、ΔY_4、ΔZ_4；④点击已激活的 Accept 控件，在弹出的授权对话框中键入操作者名字后点击 OK；⑤同时按下功能键盘上的 <ASU> 键和 <+> 键将床移动到目标位置；⑥再次扫描 BB 球，得到位置修正值 ΔX_5、ΔY_5、ΔZ_5 即为治疗床自动修正精度。

8.5.3.11　XVI 系统端对端测试

方法：通过检测 CBCT 验证全流程各节点信息的准确性，实现对 XVI 系统端对端传输的可靠性评估。

材料：TPS、仿真模体。

步骤：

1. 将仿真模体 DICOM CT 图像文件从 TPS 传输到 XVI 上。

2. 将 DICOM 文件图像数据导入 XVI 系统，验证导入 DICOM 数据（如：患者参数、图像尺寸、图像等中心位置和图像方向等信息）的准确性与完整性。

3. 利用 XVI 系统的检索功能，确保能成功到检索到步骤 2 导入的 DICOM 数据。

4. 将仿真模体通过激光摆位，执行 CBCT 扫描。

5. 将扫描得到的图像与传输图像配准，验证配准值转化修正值的准确性。

导出数据，验证输出数据集的准确性与完整性（如：配准结果、患者参数、图像几何尺寸、图像等中心位置点和图像像素、灰度值等信息）

8.5.3.12　CTDI 模体剂量

方法：由于临床上使用的 CBCT 扫描射野大于尺寸只有 15cm 长的 CTDI 模体，所测得的剂量缺少了周围的散射贡献，根据 ICRU87/AAPM TG 111 中所提到的测量 CT 剂量方法，通过公式（8-21）计算得到经过转换后各预设条件下的 CBCT 总剂量。

$$D_{W(l\_n)}=D_{C(s\_1)}\times\frac{Cf_{DW(l\_n)}}{Cf_{DC(s\_1)}} \tag{8-21}$$

式中：

$D_{W(l\_n)}$：预设编号 n 条件下长模体的 CBCT 总剂量；

$D_{C(s\_1)}$：预设编号 1 条件下短模体的 CBCT 中心轴剂量；

$Cf_{DW(l\_n)}$：预设编号 n 条件下长模体的 CBCT 总剂量校准因子；

$Cf_{DC(s\_1)}$：预设编号 1 条件下短模体的 CBCT 中心轴剂量校准因子；

注：$Cf_{DW(l\_n)}$ 和 $Cf_{DC(s\_1)}$ 的数值可查附录表 C-1 或表 C-2 获得；

材料：CTDI 模体、剂量仪、温度计、气压计、胶带。

步骤：

1. 将 CTDI 模体放置在等中心点处并旋转它，使模体表面的十字标记与水平激光十字对齐，如图 8-96 所示。

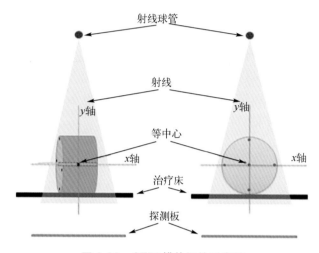

图 8-96　CTDI 模体摆位示意图

2. 设置静电计

（1）在剂量计上设置为 kV 测量条件。

（2）选择剂量测量模式。

（3）将积分时间设置为 120s。

3. 摆放 Farmer 电离室

（1）将 Farmer 电离室（带 PMMA 建成帽）放入模体中心孔中。

（2）将提供的丙烯酸杆插入模体的其他所有孔。

（3）用胶带将电离室的电缆固定在床上，为了保证电离室在原位。

4. 选择测量所需的预设条件。

5. 记录测量值，经温度气压校准转换测量剂量。

6. 进行三次测量并计算平均剂量。

8.6　六维床系统的质控

随着影像技术、计算机技术、放射治疗设备以及肿瘤放射治疗理念的不断发展，适形调强放疗技术的高精度实施在临床上得到了实现。在这个工程技术飞速发展的时代，图像引导下的适形调强放疗技术已成为当下肿瘤放射治疗的主流。该技术将放射治疗机与成像设备结合在一起，在治疗时采集有关的图像信息，确定治疗靶区和相邻重要正常组织的位置及其运动情况，并在必要时进行位置和剂量分布的校正。理论上，治疗计划的剂量分布在治疗时会以高几何精度的形式被传递到病人体内，但是实际操作中，分次间和分次内的器官运动，以及病人在治疗时的摆位误差等一些不确定性因素影响了实际照射，模糊了靶区边缘的剂量分布，导致靶区的漏照射和危及器官的过量照射，从而降低肿瘤的局控率，增加放射并发症的发生。因此，病人的摆位验证对于减少以上影响是不可或缺的，而用于摆位验证的系统除了影像引导系统外，还少不了六维床系统的联合应用，使图像采集、配准到误差纠正在技术上互相补偿，这样才能真正实现临床获益。六维床的位置精度是由安装在机房顶的红外光摄像机以及适配在治疗床上的带有红外光学标记的 C 形碳纤维定位框架来控制的。本节主要介绍六维系统的质控方法和步骤。

8.6.1　六维床系统质控的必要性

在机房内的所有设备：加速器、XVI 系统、激光灯和六维床系统，都是使用自身的坐标系。不同设备和系统的质控内容之一就是匹配坐标系，对它们的等中心进行校准，使得它们之间的 X、Y、Z 三个坐标轴重合，且等中心 $(0，0，0)$ 均与治疗射束的旋转中心重合，进而保证临床治疗时的患者定位精度。图 8-97 所示为治疗射束的旋转等中心示意图，除了加速器外的其他子系统经过等中心校准和匹配后，它们的坐标系与加速器的坐标系是一致的，如图 8-98 所示。

8.6.2　质控内容

1. **方法**　先匹配六维床系统的中心与 XVI 系统的中心，再将 C 形定位框架的定位中心校准至等中心位置。

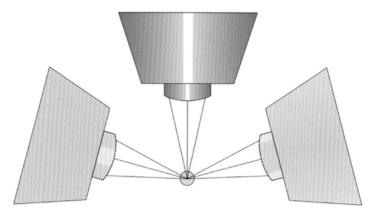

图 8-97 治疗射束的旋转等中心

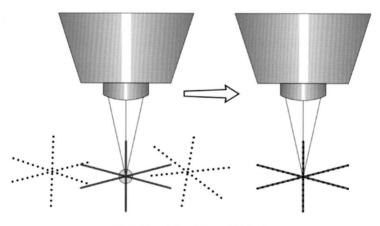

图 8-98 坐标系的一致性校准

2. 工具　该部分质控内容将使用到的工具套件包括以下几种。

（1）iGUIDE Calibration Kit-MIMI 或者 iGUIDE Calibration Tool。

（2）C 形碳纤维定位框架 Reference Frame。

3. 步骤

（1）以 Administrator 的用户登录电脑操作系统，并以 service 用户权限登录 iGUIDE 软件，如图 8-99 所示。

（2）进入等中心管理（Isocenter Manager）模块的图标，并选择系统校准 System Calibration，如图 8-100 所示。

（3）根据 System Calibration 弹框的操作提示，先将 Precise Treatment Table 调至 0°，将 Calibration Kit-MIMI 或者 Calibration Tool 安置在六维床面上的 Slot A，再将六维床面调整至 START 位置，如图 8-101 所示。

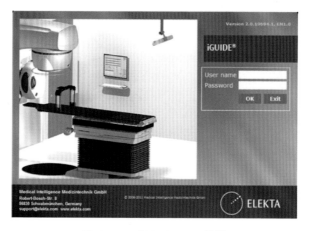

图 8-99　登录 iGUIDE 软件

图 8-100　等中心管理模块

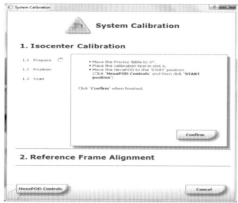
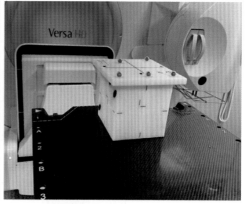

图 8-101　等中心校准的模体摆位

（4）进行 Isocenter Calibration 的第二步 Position，移动 Precise Table，使 Calibration Kit-MIMI 或者 Calibration Tool 大致对准治疗室内的激光灯（各个方

向<1cm即可)。

(5) 进行 Isocenter Calibration 的第三步 Scan,即使用 XVI 系统对模体进行图像扫描,并与参考图像配准,并将摆位误差传输至六维床系统,进行误差的自动校正,如图8-102所示。

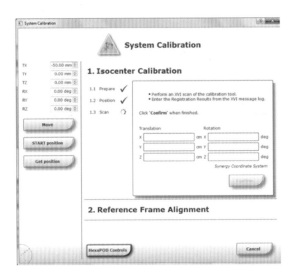

图8-102　等中心校准的模体扫描

(6) 再次进行 CBCT 扫描,确认误差在平移方向≤±0.02cm,旋转方向≤±0.1°,则系统将自动转入第二项校准工作:Reference Frame Alignment。

(7) 移开校准模体,将C形定位框架安装至六维床面的 Slot A,如图8-103所示。

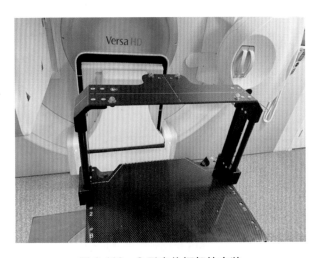

图8-103　C形定位框架的安装

（8）根据弹框中 Reference Frame Alignment 的提示，通过移动 Precise Table 使得其接近等中心的位置，再通过 iGUIDE 软件发出的六维床运动指令，配合六维床系统的手控盒或者控制面板按键，将 C 形定位框架移至激光灯的中心，确认激光灯与定位框架是否重合。

（9）如果有误差，如图 8-104 所示，则通过手控盒修正六维床相应方向上的误差，使 C 形定位框架与激光灯重合，如图 8-105 所示。

图 8-104　C 形定位框架与激光灯的初始位置

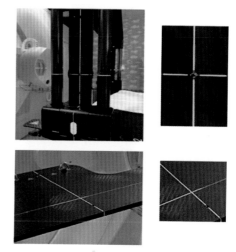

图 8-105　精确调整后的 C 形定位框架与激光灯的位置

（10）验证 C 形定位框架与激光灯的重合性。通过手控盒或者移动 Precise Table，改变六维床床面的当前位置。

（11）选择等中心管理（Isocenter Manager）模块的 Alignment Check，如图 8-106 所示。

（12）根据提示进行相应的移床操作，结束后确认 C 形框架与激光灯的重合性，如两者重合，则在弹框中点击"Yes"，以确认当前位置，如图 8-107 所示。如两者存在偏差，则应重复上述的整个校准步骤。

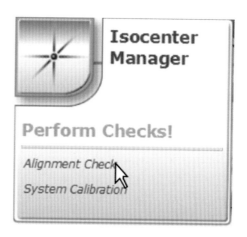

图 8-106　等中心的位置验证

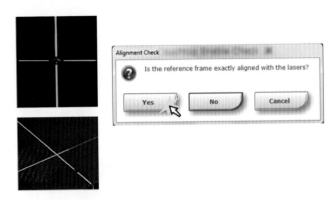

图 8-107　验证 C 形框架与激光灯的重合性

8.6.3　注意事项

● 以上六维床的等中心校准是基于加速器、XVI 系统和激光系统质控工作的基础上进行的。

● 保证等中心校准模体和 C 形定位框架上的红外反射球的清洁度和完整性。

● 校准工作开始时，须保证摄像机已开机至少 30min。

● 由于六维床系统的等中心校准将直接影响定位精度，所以进行校准工作时，尽可能细心严谨，以获得最高的精度。

● 除执行常规周期性质控外，当出现以下情况时，也需对六维床系统的等中心重新进行检测和校准：①系统安装或定期保养维护；②对加速器、XVI 系统或者激光灯系统进行校准刻度后；③常规日检等中心检测失败；④更换摄像机。

第9章

常见的调节与校准

9.1　剂量刻度参数调节

步骤：

1.LCS 进入 Service Mode，依次点击主功能键"Calibration"及二级功能键"Calculate Reference Dose"，如图 9-1，弹出"Dose Reference Calculator"界面。

2. 依次点击主功能键"Service Functions"→二级功能键"Display Service Pages""Load"，在弹出的"Service Page Selection"窗口中选择"Dose Cal"后点击"OK"，如图 9-2。

3. 在"Delivered Dose"栏输入 Seg1 和 Seg2 的实际 MU 数，如图 9-3 红色标记，在"Measured Dose"栏输入测量剂量（单位是 cGy），如图 9-3 蓝色标记。

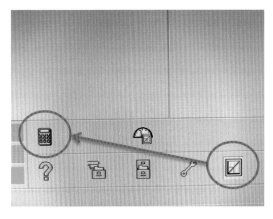

图 9-1　载入"Dose Reference Calculator"界面的操作流程

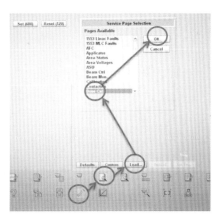

图 9-2　载入"Dose Cal"界面的操作流程

4.分别点击"Set Ref1"键、"Set Ref2"键,如图9-3黑色标记。

5.依次点击主功能键"Save"及"Save Energy Cal. Blocks"键保存设置,如图9-4。

6.依次点击主功能键"Administer Linac"及二级功能键"Enable Energy",如图9-5。

7.选择已调节的能量,点击"Enable"将其从左边栏调入右边栏,如图9-6。

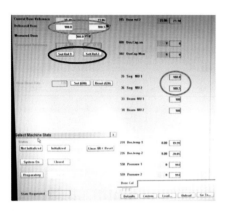

图9-3　输入实际的 MU 数和剂量值并调节剂量参数

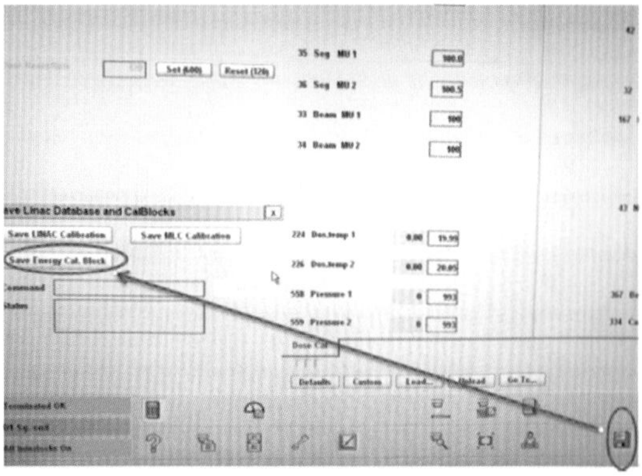

图9-4　保存已调节的剂量参数

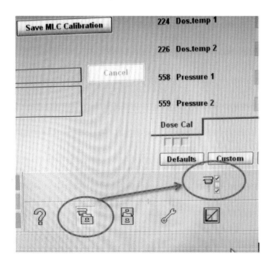

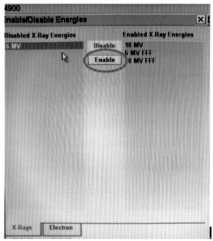

图9-5　载入"Enable/Disable Energy"界面

图9-6　将能量应用于临床

9.2　电子枪伺服系统调节

9.2.1　X 线调节步骤

1. 在维修模式下依次点击主功能键"Service Functions"及二级功能键"Display Service Pages"，然后选择 Defaults 中的 Gun servo 选项卡，弹出如图 9-7 所示的窗口。

2. 设置加速器使其 X 线以 400MU/min 剂量率出束。

3. 将 i181 Gun auto 设为手动（shift 键 +< 键或 > 键）。调节 i327 Gun I ctrl. 使得输出最大，记录此时 i327Gun I ctrl. 的 part1。

4. 将 i181 Gun auto 改回自动，调节 i186 hump gain，使得 i327 Gun I ctrl. 的 part4 与步骤 2 记录的 part1 相等。

5. 设置 Gun aim I 值：将 i181 Gun auto 设为手动，把 i327 Gun I ctrl. 改成 5.25。记录 i546 Gun diff 的值。再将 i181 Gun auto 设为自动，调整 i381 Gun aim I，使得 i546 Gun diff 的值等于刚才记录的值。

6. 把 i327 Gun I ctrl. 的 part1 值改回 part4 值。

7. 点击 save encrgy cal. Blocks 保存设置。

9.2.2　电子线调节步骤

1. 在维修模式下依次点击主功能键"Service Functions"及二级功能键"Display Service Pages"，然后选择 Defaults 中的 Steering 选项卡，弹出如图 9-8 所示的窗口。

2. 设置加速器使其电子线以 400MU/min 剂量率出束。

3. 将 i181 Gun auto 设为手动（shift 键 +< 键或 > 键）。调节 i327 Gun I ctrl. 使得输出等于 400MU/min。

4. 把 i538 Gun set 值复制到 i381 Gun aim I 中。

5. 将 i181 Gun auto 改回自动。

6. 调 i187 Dose level 使得输出等于 400MU/min。

7. 点击 save energy cal. Blocks 保存设置。

注意事项：在调枪电流时，始终使用 shift 键 +< 键或 > 键。

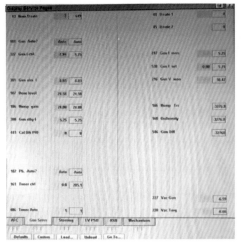

图 9-7　Gun servo 选项卡界面

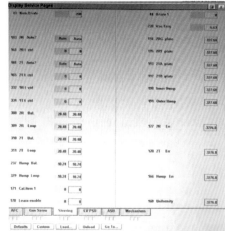

图 9-8　Steering 选项卡界面

9.3　2R 伺服系统调节

步骤：

1. 在维修模式下依次点击主功能键"Service Functions"及二级功能键"Display Service Pages"，然后选择 Defaults 中的 Steering 选项卡，弹出如图 9-8 所示的窗口。

2. 记录 i164 2R I ctrl 的运行值（part4），将 i183 2R Auto? 设置为手动。

3. 调节 i164 2R I ctrl 的 part1 使得其 part4 与步骤 1 中的运行值相等。

4. 继续调节 i164 2R I ctrl 的设置值使测量所得的 profile 曲线符合对称性要求。

5. 调节 i308 2R Bal. 直到 i127 2R Err 读数为 0。

6. 将 i183 2R Auto? 设置为自动。

7. 再次测量 profile 曲线，并确保其对称性符合要求。

8. 点击 save energy cal. Blocks 保存设置。

9.4　2T 参数调节

步骤：

1. 在维修模式下依次点击主功能键"Service Functions"及二级功能键"Display Service Pages"，然后选择 Defaults 中的 Steering 选项卡，弹出如图 9-8

所示的窗口。

2. 调节 i165 2T I ctrl 的 part1 使得测量所得的 profile 曲线符合对称性要求。

3. 调节 i310 2T Bal. 直到 2R Err 读数为 0。

4. 点击 save energy cal. Blocks 保存设置。

注意事项：虽然有 2T Auto? 选项，但 2T 方向没有伺服系统，这是因为 2T control 项目的增益（gain）参数设置为 0。

9.5　钨门位置参数调节

9.5.1　关联电位器系数

步骤：

1. 在维修模式下依次点击主功能键"MLC"及二级功能键"Calibrate Diaphragms MLC"。

2. 点击 Learn 选项卡，在 Potentiometer Values 栏内的三角下拉菜单内选择需要调节的钨门（X1，X2，Y1 或 Y2），如图 9-9 所示。

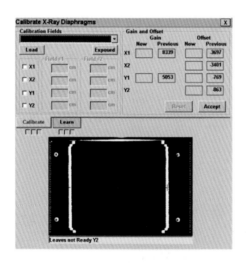

图 9-9　Learn 选项卡界面

3. 确保 Potentiometer Values 栏内的 FineA，FineB，Coars 和 Check 方框显示钨门电位器值。同时，还需确保 Learnt Values 栏内的 Previous 方框包含钨门参数值。

4. 点击 Learn 配准 Now 方框内的新值。此时 Done 按钮被激活，Learn 按钮被冻结。

5. 利用机头上的 BLD 控制装置，如图 9-10，将选定的钨门移动到设定位置。

6. 确保 Learnt Values 栏内的 Now 方框包含钨门新参数值。

7. 点击 Done 保存设置。

图 9-10　机头上的 BLD 控制装置

A. 为切换功能键，连续按下该键可在 X1、X2、Y1 和 Y2 间循环切换；B. 为射野控制旋轮，可控制选定钨门的运动速度和方向；C. 为准直器旋转旋轮，可控制准直器旋转的方向和速度

9.5.2　钨门位置校准

步骤：

1. 将一张辐射显色胶片置于等中心处。

2. 在维修模式下依次点击主功能键 MLC 及二级功能键 Calibrate Diaphragms MLC。

3. 点击 Calibrate 选项卡，如图 9-11，在 Calibration Fields 栏选择 Graticule Alignment。

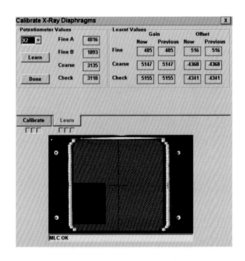

图 9-11　Calibrate 选项卡界面

4. 点击 Load 键，待叶片到位后在胶片上标记十字线的位置并覆盖 2cm 固体水。

5. 在 Calibration Fields 栏选择 Diaphragm Calibration #1。

6. 核对光野形状无误后曝光胶片，点击 Exposed。

7. 将另一张辐射显色胶片置于等中心处。

8. 在 Calibration Fields 栏选择 Diaphragm Calibration #2。

9. 重复步骤 6。

10. 分析两张胶片，读取胶片上的钨门的位置值并填入 Calibration Fields 栏 X1、X2、Y1 及 Y2 对应的方框内。

11. 确保 Gain and Offset 栏内各个 Previous 值与 Now 值相差不超过 10%。

12. 点击 Accept。

注意事项：

● 点击 Accept 后若想恢复原有值可点击 Reset 键。

● 若光野 / 射野一致性达标，可用光野代替胶片来确定射野。

● 参数调节后须再次检测钨门的到位精度，以保证调节的准确性。

9.6　MLC 位置参数调节

9.6.1　MLC major offset 参数调节

步骤：

1. 将一张辐射显色胶片置于等中心处。

2. 在维修模式下依次点击主功能键 "MLC" 及二级功能键 "Calibrate leafbank" 后弹出如图 9-12 所示的窗口。

3. 选择 "Major" 选项卡，点击 "Load" 后加速器进入 "Preparatory" 状态，此时 "Done" 按钮被激活。

4. 借助光野在胶片上标记十字线的位置后覆盖 2cm 固体水。

5. 点击 "Done" 后弹出进入曝光胶片操作界面（图 9-13）的窗口。

6. 点击 "Load"，待叶片到位后 "Exposed" 按钮被激活。

7. 依次点击主功能键 "Service Function" 及二级功能键 "Deliver Quick Beam" 并设置 65MU 的低能 X 射线。

8. 出束曝光胶片。

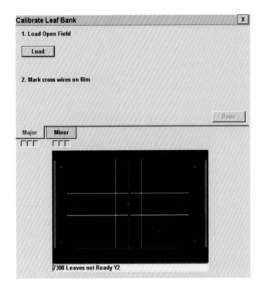

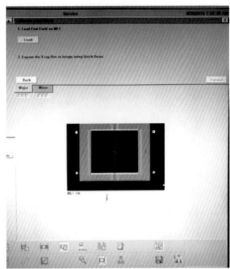

图 9-12　Calibrate leafbank 窗口界面　　　图 9-13　曝光胶片操作界面

9. 分析胶片，读取第 20 对叶片的端点到中心线的距离。

10. 点击 "Exposed"。

11. 将另一张辐射显色胶片置于等中心处。

12. 依次重复步骤 6 ～ 10。

13. 将步骤 9 ～ 12 读取的数值填入 "Measured" 栏方框内，如图 9-14 所示。

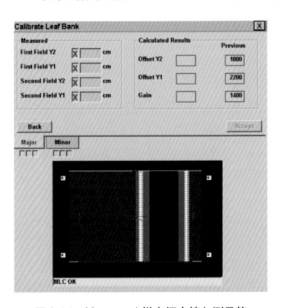

图 9-14　Measured 栏方框内填入测量值

14. 待系统计算出新的 gain 和 offset 值后点击 "Accept"。

注意事项：

● 若光射野一致性达标，可用光野代替胶片来确定射野。

● 参数调节后须再次检测 MLC 的到位精度，以保证调节的准确性。

9.6.2　MLC minor offset 参数调节

步骤：

1. 将一张辐射显色胶片置于等中心处。

2. 在维修模式下依次点击主功能键 "MLC" 及二级功能键 "Calibrate leafbank"。

3. 选择 "Minor" 选项卡，点击 "Load" 载入射野 "Leaf off set shape"。

4. 依次点击主功能键 "Service Function" 及二级功能键 "Deliver Quick Beam" 并设置 65MU 的低能 X 射线。

5. 出束曝光胶片后读取第 20 对叶片的端点到中心线的距离。

6 点击 "Exposed" 后出现调节单叶片 "Offset" 界面，如图 9-15。

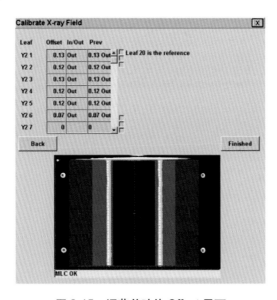

图 9-15　调节单叶片 Offset 界面

7. 双击选择需要调节的叶片序号对应的"IN/OUT"方框，选择"IN"或"OUT"后在 "Offset" 对应方框处输入新值。

8. 点击 "Finished"。

注意事项：

● 以第 20 对叶片为参考位置。

● 7 ～ 8 个单位的 Offset 数值对应 1mm。

● 若光射野一致性达标，可用光野代替胶片来确定射野。

● 参数调节后须再次检测 MLC 到位精度，以保证调节操作的准确性。

9.7　机架数字指示校准

步骤：

1. 在维修模式下依次点击主功能键"Service Functions"及二级功能键 "Display Service Pages"，然后选择"Custom"中的"Calibration"选项卡。

2. 点击二级功能键"Edit Machine Item Part"并载入 i148 Gant ctrl part4 和 i70 Gantry part4，如图 9-16。

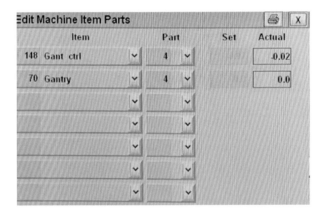

图 9-16　载入 i148 Gant ctrl 和 i70 Gantry

3. 将"Cal Man/Auto"设置为 0（手动）。

4. 在"Cal.item1"中键入 70。

5. 借助水平仪将机架角度设置为 90°±0.5°。

6. 在"Cal.value"中键入 +9000。

7. 借助水平仪将机架角度设置为 −90°±0.5°。

8. 在"Cal.value"中键入 −9000。

9. 点击"Save"键。

10. 选择"Save LINAC Calibration"完成校准。

11. 借助水平仪将机架角度设置为 0°±0.5°。

12. 验证 i70 Gantry part4 的值是 0°±0.1°。

13. 验证 i148 Gant ctrl part4 的值是 0°±0.5°。

注意事项："Cal Man/Auto""Cal.item1" 及 "Cal.value" 均在 "Calibration" 选项卡界面。

9.8　准直器数字指示校准

步骤：

1. 在维修模式下依次点击主功能键 "Service Functions" 及二级功能键 "Display Service Pages"，然后选择 "Custom" 中的 "Calibration" 选项卡。

2. 点击二级功能键 "Edit Machine Item Part" 并载入 i149 D.rot ctrl part4 和 i75 D.Rot part4，如图 9-17。

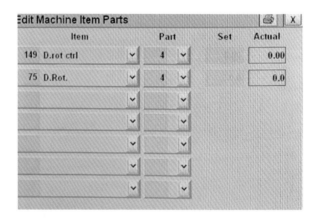

图 9-17　载入 i149 D.rot ctrl 和 i75 D.Rot

3. 将 Cal Man/Auto 设置为 0（手动）。

4. 在 "Cal.item1" 中键入 75。

5. 将准直器角度设置为 90°±0.5°。

6. 在 "Cal.value" 中键入 +9000。

7. 将准直器角度设置为 -90°±0.5°。

8. 在 "Cal.value" 中键入 -9000。

9. 点击 "Save" 键。

10. 选择 "Save LINAC Calibration" 完成校准。

11. 将准直器角度设置为 0°±0.5°。

12. 验证 i75 Gantry part4 的值是 0°±0.1°。

13. 验证 i149 D.rot ctrl part4 的值是 $0° \pm 0.5°$。

9.9 虚光源位置校准

步骤：

1. 卸下机头盖。

2. 执行 8.3.2 中 1. 虚光源位置的步骤①～⑦。

3. 微调图 9-18 中的螺钉 A，使得钢直尺在地面的光投影落在两直线 L_2 与 L'_2 的中点。

4. 微调图 9-18 中的螺钉 B，使得钢直尺在地面的光投影落在两直线 L_1 与 L'_1 的中点。

5. 重复执行步骤 2～4 直至虚光源位置精度达标。

6. 装上机头盖。

图 9-18　虚光源位置调节螺钉

9.10 十字膜位置校准

步骤：

1. LCS 进入"Service Mode"，载入射野"Alignment Graticule"。

2. 旋转机架、准直器至 0°，治疗床面升至等中心高度。

3. 将坐标纸置于治疗床面并对齐 MLC 叶片边缘。

4. 依次对称地松开十字膜夹板的 9 颗夹紧螺钉，如图 9-19 中的红色圈，以及 2 颗调节螺钉，如图 9-19 中的蓝色圈。

图 9-19 十字膜夹板的螺钉分布

5. 借助坐标纸移动十字膜位置，使十字线的 Crossline 平行 MLC 叶片边缘，同时使 Inline 大致处于光野中间位置。

6. 依次对称地拧紧 9 颗夹紧螺钉。

7. 将坐标纸对齐十字线并在坐标纸上标记十字线中心 O_1。

8. 旋转准直器至 180°，再次标记十字线中心 O_2。

9. 依次对称地、稍微地松开十字膜夹板的 9 颗夹紧螺丝。

10. 移动十字膜的位置，使十字线中心处于 O_1O_2 中点，同时确保十字线的 Crossline 平行 MLC 叶片边缘。

11. 重复执行步骤 6 ～ 10，直至 $O_1O_2 < 0.5$mm。

9.11 光距尺校准

步骤：

1. 旋转机架至 0°，打开光距尺防护盖。

2. 借助前指针将治疗床面升至等中心高度，松开倾斜紧固螺钉（图 9-20 ①②），调节倾斜调节螺钉（图 9-20 ③），使十字线对齐光距尺上的 100cm 刻度，最后拧紧倾斜紧固螺钉。

3. 松开光距尺管套（图 9-20 ⑥）的紧固螺钉（图 9-20 ④），将光距尺主件往后推至与管套平齐的位置，使侧面的刻度线水平调节螺钉（图 9-20 ⑨）露出来，最后拧紧管套紧固螺钉。

4. 旋转光距尺管套至合适的位置,使得治疗床在其所有高度范围内(SSD从 170cm 至 85cm)十字线 Inline 与光距尺投影的水平距离不变。

5. 光距尺管套的旋转位置确定后,使用侧面的两个水平调节螺钉调节刻度线,使其在所有指示范围内十字线与光距尺边缘的距离不超过 2mm。

6. 借助治疗床和卷尺核查数值指示范围内的增益校准。

7. 核查光距尺刻度与治疗床刻度的一致性。确保在所有数值范围内该一致性在 2mm 以内,且在等中心处该一致性在 1mm 内。

8. 如果以上要求不达标,可根据需要适当增加或减少增益,方法是松开 10mm 夹紧螺栓(图 9-20 ⑦),借助进退调节螺钉(图 9-20 ⑧)向上或向下移动灯泡。

9. 重新核查所有的机械调节直到达到稳定的设置,因为其中任何一个调节均会对其他调节产生轻微的偏移。

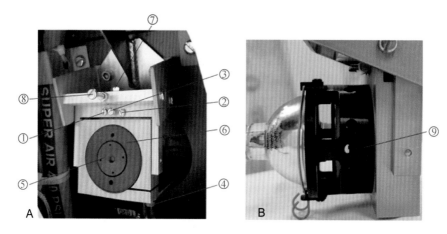

图 9-20　光距尺部件正面、侧面结构图

A. 正面;B. 侧面;①②倾斜紧固螺钉;③倾斜调节螺钉;④套管紧固螺钉;⑤光距尺主件;⑥光距尺管套;⑦ 10mm 紧固螺母;⑧进退调节螺钉;⑨侧面的水平调节螺钉

9.12　前指针校准

步骤:

1. 旋转机架至 0°,安装前指针系统,并确保其机械连接稳固。

2. 治疗床升至某一高度 H(等中心高度附近)后将坐标纸置于床面并对齐十字线。

3. 移动前指针使其尖端紧贴坐标纸。

4. 松开校准组件的紧固螺母（图 9-21 ①），旋转校准组件（图 9-21 ②）至合适位置,使指示针（图 9-21 ⑤）在坐标纸上的投影接近最短,最后拧紧固螺母。

5. 松开磁铁（图 9-21 ③）的紧固螺钉（图 9-21 ④），调节校准组件的倾斜螺钉（图 9-21 ⑥），使指示针的投影中心落在十字线中心附近,最后拧紧紧固螺钉。

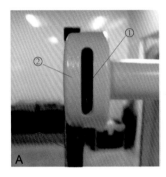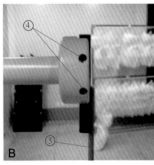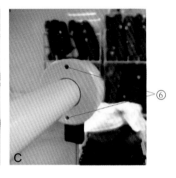

图 9-21　前指针侧面、背面结构图

A、B.侧面；C.背面。①校准组件的紧固螺母；②校准组件；③磁铁；④磁铁的紧固螺钉；⑤指示针；⑥校准组件的倾斜螺钉

6. 360° 旋转准直器，并在四个主要角度（0°、90°、180° 及 270°）记录指示针尖端的位置 O_i（i=1, 2, 3, 4）。

7. 若 O_i（i=1, 2, 3, 4）与十字线中心的距离最大值 $D > 1mm$，重复步骤 4 ~ 6，直至 $D \leqslant 1mm$。

8. 将床升（降）至高度 $H \pm 10cm$，确保准直器在 360° 旋转过程中，指示针尖端位置与十字线中心的距离小于 1mm。

9. 将针尖一端固定在治疗床面，另一端伸出床外并对准前指针（确保机架旋转 360° 过程中针尖不接触到前指针），记录针尖顶端与指示针底端的高度差 h_1（图 9-22A）。

10. 旋转机架至 180°，再次记录针尖顶端与前指针底端的高度差 h_2（图 9-22B）；若 $h_1 = h_2$，此时针尖的高度即为等中心高度；若 $h_1 \neq h_2$，适当调节治疗床高度后重复本步骤直至 $h_1 = h_2$。

11. 旋转机架回 0°，检查指示针的数字指示是否正确；若不正确，松开磁铁的紧固螺钉，然后调整磁铁的高度直至指示针准确地指示 100，最后拧紧磁铁的紧固螺钉。

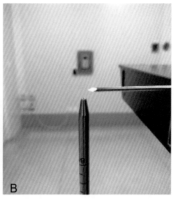

图 9-22　机架针尖顶端与前指针底端的高度差

A. 机架旋转至 0° 时，针尖顶端与前指针底端的高度差；B. 机架旋转至 180° 时，针尖顶端与前指针底端的高度差

9.13　激光灯校准（以 LAP 公司 Astor red 激光定位仪为例）

9.13.1　激光线宽校准

方法：利用激光灯系统的调焦旋钮调节激光线宽。

材料：白纸。

步骤：①遮挡对侧激光（纵向激光可省略此步骤）；②质控人员 A 用白纸在等中心处接收激光线并观察其线宽，另一名质控人员负责调焦；③调焦时，先将调焦旋钮（图 9-23 ①④）快速地调至其中一个极端位置；然后缓慢地往回调，直至质控人员 A 认为激光线最细，此时质控人员 B 标记旋钮的位置 P_1；④将调焦旋钮快速地调至另一个极端位置，然后缓慢地往回调，直至质控人员 A 认为激光线最细，此时质控人员 B 标记旋钮的位置 P_2；⑤将调焦旋钮调至 P_1 与 P_2 的中间位置，此时的激光线宽最小。

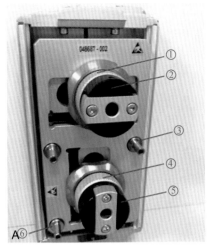

图 9-23　LAP 公司 Astor red 激光定位仪正面、侧面结构图

A. 正面；B. 侧面；①竖线调焦旋钮；②竖线旋转调节旋钮；③竖线扭度调节螺钉；④横线调焦旋钮；⑤横线旋转调节旋钮；⑥横线扭度调节螺钉；⑦竖线平移螺钉；⑧横线平移螺钉

9.13.2　横向激光校准（水平度、等中心指示精度）

方法：由 Astor red 激光器的结构特点可知，平移调节对其他调节的影响较小，扭度调节对其他调节的影响较大，故调节的顺序是平移→旋转→扭度。平移调节的参考位置是横线激光的光源与十字线中心（机架角为 90° 或 270°）等高，旋转调节的参考位置是对侧墙上的横向激光线与激光水平仪发出的水平激光线平行，扭度调节的参考位置是十字膜上的横向激光线与十字线 Inline 重合（机架角为 90° 或 270°，准直器角 =0°）。下面步骤以调节 A 方向横向激光为例。

材料：白纸、内六角扳手、激光水平仪。

步骤：①机架调至 90°，准直器调至 0°，治疗床调至 270°；②将激光水平仪置于治疗床床尾，调平后打开水平激光线并使其同时投射到十字膜与 A 方向墙上；③调整治疗床高度使激光水平仪的水平激光线经过十字线中心；④用白纸在 A 方向墙面附近接收横向激光线；⑤用内六角扳手调节平移螺钉（图 9-23 ⑧）使白纸上的横向激光线对齐激光水平仪的水平激光线；⑥机架调至 0° 并使水平激光投射到 B 方向墙上；⑦用内六角扳手调节旋转螺钉（图 9-23 ⑤），使 B 方向墙面上的横向激光线和水平激光线平行；⑧机架调至 90° 并使水平激光投射到十字膜上；⑨用内六角扳手调节扭度螺钉（图 9-23 ⑥），使十字膜上的横向激光线与十字 Inline 线重合。

注意事项：

● 若调节 B 方向的横向激光，只需将上述步骤①～⑨的机架角调至 270°。

● 横线激光的光源与十字线中心（机架角为 90°或 270°）等高不能通过墙上的十字线判断。因为实际中机架很难严格地处于 90°，微小的差异投影到墙上会被放大，从而影响平移调节的准确度。

9.13.3　竖向激光校准（垂直度、等中心指示精度）

方法：由 Astor red 激光器的结构特点可知：平移调节对其他调节的影响较小，扭度调节对其他调节的影响较大，故调节的顺序是平移→旋转→扭度。平移调节的参考位置是竖向激光的光源对齐十字线中心（机架角为 90°或 270°），旋转调节的参考位置是对侧墙面上的竖向激光线与激光水平仪发出的竖直激光线平行，扭度调节的参考位置是十字膜上的竖向激光线与十字线 Inline 重合（机架角为 90°或 270°，准直器角为 0°）。下面步骤以调节 A 方向竖向激光为例。

材料：白纸、内六角扳手、激光水平仪。

步骤：①机架调至 90°，准直器调至 0°；②用白纸在 A 方向墙面附近接收竖向激光线；③用内六角扳手调节平移螺钉（图 9-23 ⑦）使竖向激光的光源对齐白纸上的十字线中心；④机架调至 0°；⑤将激光水平仪置于治疗床上，调平后打开竖直激光，并使竖直激光投射到 B 方向墙面上；⑥用内六角扳手调节旋转螺钉（图 9-23 ②），使 B 方向墙面上的竖向激光线与竖直激光线平行；⑦机架调至 90°，准直器调至 0°；⑧用内六角扳手调节扭度螺钉（图 9-23 ③），使十字膜上的竖向激光线与十字线 Crossline 重合。

注意事项：

● 若调节 B 方向的竖向激光，只需将上述步骤①～⑦的机架角调至 270°即可。

● 竖线激光的光源对齐十字线中心（机架角为 90°或 270°）可通过墙上的十字线判断。因为即使实际中机架很难严格地处于 90°，角度偏差也不会被放大，亦不会影响平移调节的准确度。

9.13.4　纵向激光校准（垂直度、等中心指示精度）

方法：与竖向激光调节的方法相似，只是平移调节的参考位置和扭度调节的参考位置不再使用十字线作为参照物。可使用激光水平仪的竖直激光面（先对齐十字 Inline 线）作为参照物。

材料：白纸、内六角扳手、激光水平仪。

步骤：①机架调至 0°，准直器调至 0°；②将激光水平仪置于治疗床上，调平后打开全部竖直激光，使其中一条竖直激光对齐十字线 Inline；③用白纸在纵向激光的光源附近接收另一条竖直激光线；④用内六角扳手调节平移螺钉（图 9-23 ⑦），使纵向激光的光源对齐竖直激光；⑤用内六角扳手调节旋转螺钉（图 9-23 ②），使纵向激光线与竖直激光线平行；⑥用内六角扳手调节扭度螺钉（图 9-23 ③），使纵向激光线与十字线 Inline 重合。

附　　录

表 A-1　辐射质同校准深度和 $S_{w,air}$ 的关系

辐射质		$S_{w,air}$	水中校准深度 /cm
TPR_{10}^{20}	D_{20}/D_{10}		
0.50	0.44	1.135	5
0.53	0.47	1.134	5
0.56	0.49	1.132	5
0.59	0.52	1.130	5
0.62	0.54	1.127	5
0.65	0.56	1.123	5
0.68	0.58	1.119	5
0.70	0.60	1.116	5
0.72	0.61	1.111	10
0.74	0.63	1.105	10
0.76	0.65	1.099	10
0.78	0.66	1.090	10
0.80	0.68	1.080	10
0.82	0.69	1.069	10
0.84	0.71	1.059	10

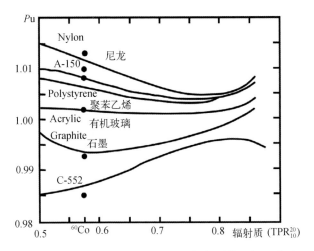

图 A-1　圆柱形电离室的扰动修正因子 P_u（P_u 是辐射质的函数，室壁不同，P_u 不同）

表 A-2　电子束的水对空气阻止本领比

水深 /cm	电子束能量								
	50.0	40.0	30.0	25.0	20.0	18.0	16.0	14.0	12.0
	R_p24.6	19.6	14.8	12.3	9.87	8.88	7.89	6.9	5.91
0.0	0.904	0.912	0.926	0.940	0.955	0.961	0.969	0.977	0.986
0.1	0.905	0.913	0.929	0.941	0.955	0.962	0.969	0.978	0.987
0.2	0.906	0.914	0.930	0.942	0.956	0.963	0.970	0.978	0.988
0.3	0.907	0.915	0.931	0.943	0.957	0.964	0.971	0.979	0.989
0.4	0.908	0.916	0.932	0.944	0.958	0.965	0.972	0.980	0.990
0.5	0.909	0.917	0.933	0.945	0.959	0.966	0.973	0.982	0.991
0.6	0.909	0.918	0.934	0.946	0.960	0.967	0.974	0.983	0.993
0.8	0.911	0.920	0.936	0.948	0.962	0.969	0.976	0.985	0.996
1.0	0.913	0.922	0.938	0.950	0.964	0.971	0.979	0.988	0.999
1.2	0.914	0.924	0.940	0.952	0.966	0.973	0.981	0.991	1.002
1.4	0.916	0.925	0.942	0.954	0.968	0.976	0.984	0.994	1.006
1.6	0.917	0.927	0.944	0.956	0.971	0.978	0.987	0.997	1.010
1.8	0.918	0.929	0.945	0.957	0.973	0.981	0.990	1.001	1.014

续表

水深 /cm	电子束能量								
	50.0	40.0	30.0	25.0	20.0	18.0	16.0	14.0	12.0
	R_p24.6	19.6	14.8	12.3	9.87	8.88	7.89	6.9	5.91
2.0	0.920	0.930	0.947	0.959	0.975	0.983	0.993	1.004	1.018
2.5	0.923	0.934	0.952	0.964	0.981	0.990	1.000	1.013	1.030
3.0	0.926	0.938	0.956	0.969	0.987	0.997	1.008	1.023	1.042
3.5	0.929	0.941	0.960	0.974	0.994	1.004	1.017	1.034	1.056
4.0	0.932	0.944	0.964	0.979	1.001	1.012	1.027	1.046	1.071
4.5	0.935	0.948	0.969	0.985	1.008	1.021	1.037	1.059	1.086
5.0	0.936	0.951	0.973	0.990	1.016	1.030	1.049	1.072	1.101
5.5	0.940	0.954	0.978	0.996	1.024	1.040	1.061	1.086	1.113
6.0	0.943	0.958	0.983	1.002	1.033	1.051	1.074	1.100	1.121
7.0	0.948	0.965	0.993	1.017	1.054	1.075	1.099	1.118	1.122
8.0	0.954	0.972	1.005	1.032	1.076	1.098	1.116	1.120	
9.0	0.960	0.981	1.018	1.049	1.098	1.114	1.118		
10.0	0.966	0.990	1.032	1.068	1.112	1.116			
12.0	0.980	1.009	1.062	1.103					
14.0	0.996	1.031	1.095	1.107					
16.0	1.013	1.056	1.103						
18.0	1.031	1.080							
20.0	1.051	1.094							
22.0	1.070								
24.0	1.082								
26.0	1.085								

续表

水深 /cm	电子束能量									
	10	9	8	7	6	5	4	3	2	1
	R_p5.02	4.52	4.02	3.52	3.02	2.52	2.02	1.51	1.01	0.505
0.0	0.997	1.003	1.011	1.019	1.029	1.040	1.059	1.078	1.097	1.116
0.1	0.998	1.005	1.012	1.020	1.030	1.042	1.061	1.081	1.101	1.124
0.2	0.999	1.006	1.013	1.022	1.032	1.044	1.064	1.084	1.106	1.131
0.3	1.000	1.007	1.015	1.024	1.034	1.046	1.067	1.089	1.112	1.135
0.4	1.002	1.009	1.017	1.026	1.036	1.050	1.071	1.093	1.117	1.136
0.5	1.003	1.010	1.019	1.028	1.039	1.054	1.076	1.098	1.122	
0.6	1.005	1.012	1.021	1.031	1.043	1.058	1.080	1.103	1.126	
0.8	1.009	1.016	1.026	1.037	1.050	1.067	1.090	1.113	1.133	
1.0	1.013	1.021	1.031	1.043	1.058	1.075	1.099	1.121		
1.2	1.017	1.026	1.037	1.050	1.066	1.085	1.108	1.129		
1.4	1.022	1.032	1.044	1.058	1.075	1.095	1.117	1.133		
1.6	1.027	1.038	1.050	1.066	1.084	1.104	1.124			
1.8	1.032	1.044	1.057	1.074	1.093	1.112	1.130			
2.0	1.038	1.050	1.065	1.082	1.101	1.120	1.133			
2.5	1.053	1.067	1.083	1.102	1.120	1.131				
3.0	1.069	1.084	1.102	1.119	1.129					
3.5	1.085	1.102	1.118	1.128						
4.0	1.101	1.116	1.126							
4.5	1.115	1.125	1.127							
5.0	1.123	1.126								
5.5	1.125									

表 A-3 高能电子束水中 Z 处平均能量 E₂ 与表面平均能量 E₀ 的关系

Z/R_p	水模表面平均能量					
	5MeV	10MeV	20MeV	30MeV	40MeV	50MeV
0.00	1.000	1.000	1.000	1.000	1.000	1.000
0.05	0.943	0.941	0.936	0.929	0.922	0.915
0.10	0.888	0.884	0.875	0.863	0.849	0.835
0.15	0.831	0.826	0.815	0.797	0.779	0.761
0.20	0.772	0.766	0.754	0.732	0.712	0.692
0.25	0.712	0.705	0.692	0.669	0.648	0.627
0.30	0.651	0.645	0.633	0.607	0.584	0.561
0.35	0.587	0.583	0.574	0.547	0.525	0.503
0.40	0.527	0.523	0.514	0.488	0.466	0.444
0.45	0.465	0.462	0.456	0.432	0.411	0.390
0.50	0.411	0.407	0.399	0.379	0.362	0.345
0.55	0.359	0.355	0.348	0.329	0.314	0.299
0.60	0.313	0.309	0.300	0.282	0.228	0.217
0.65	0.270	0.265	0.255	0.239	0.228	0.217
0.70	0.231	0.226	0.216	0.202	0.192	0.182
0.75	0.197	0.191	0.180	0.168	0.159	0.150
0.80	0.164	0.159	0.149	0.138	0.131	0.124
0.85	0.137	0.131	0.120	0.111	0.105	0.099
0.90	0.114	0.108	0.096	0.089	0.084	0.079
0.95	0.091	0.086	0.076	0.069	0.065	0.061
1.00	0.077	0.071	0.059	0.053	0.049	0.045

表 A-4 电子束扰动修正因子 Pu

Ez/MeV	Pu			
	r=1.5mm	r=2.5mm	r=3.15mm	r=3.5mm
4	0.981	0.967	0.959	0.955
6	0.984	0.974	0.969	0.963
8	0.988	0.98	0.974	0.971
10	0.991	0.984	0.98	0.978
12	0.993	0.988	0.989	0.984
15	0.995	0.992	0.99	0.989
20	0.997	0.995	0.994	0.994

表 B-1 不同类型的圆柱形电离室中高能光子束的 K_Q 计算值均为射线质 $TRP_{20,10}$ 的函数

电离室类型	射线质 $TRP_{20,10}$														
	0.50	0.53	0.56	0.59	0.62	0.65	0.68	0.70	0.72	0.74	0.76	0.78	0.80	0.82	0.84
Capintec PR-05mini	1.004	1.003	1.002	1.001	1.000	0.998	0.996	0.994	0.991	0.987	0.983	0.975	0.968	0.960	0.949
Capintec PR-06C/G Farmer	1.001	1.001	1.000	0.998	0.998	0.995	0.992	0.990	0.988	0.984	0.980	0.972	0.965	0.956	0.944
Exradin A2 Spokas	1.001	1.001	1.001	1.000	0.999	0.997	0.996	0.994	0.992	0.989	0.986	0.979	0.971	0.962	0.949
Exradin T2 Spokas	1.002	1.001	0.999	0.996	0.993	0.988	0.984	0.980	0.977	0.973	0.969	0.962	0.954	0.946	0.934
Exradin A1 mini Sponka	1.002	1.002	1.001	1.000	1.000	0.998	0.996	0.994	0.991	0.986	0.982	0.974	0.966	0.957	0.945
Exradin T1 mini Sponka	1.003	1.001	0.999	0.996	0.993	0.988	0.984	0.98	0.975	0.97	0.965	0.957	0.949	0.942	0.930
Exradin A12 Farmer	1.001	1.001	1.000	1.000	0.999	0.997	0.994	0.992	0.990	0.986	0.981	0.974	0.966	0.957	0.944
Far West Tech IC-18	1.005	1.000	1.000	0.997	0.993	0.988	0.983	0.979	0.976	0.971	0.966	0.959	0.953	0.945	0.934
FZH TK 01	1.002	1.001	1.000	0.998	0.996	0.993	0.990	0.987	0.984	0.980	0.975	0.968	0.960	0.952	0.939
Nuclear Assoc 30-744	1.001	1.000	1.000	0.999	0.998	0.996	0.994	0.992	0.989	0.984	0.980	0.972	0.964	0.956	0.942
Nuclear Assoc 30-716	1.001	1.000	1.000	0.999	0.998	0.996	0.994	0.992	0.989	0.984	0.980	0.972	0.964	0.956	0.942
Nuclear Assoc 30-753 Farmer shortened	1.001	1.000	1.000	0.999	0.998	0.996	0.994	0.992	0.989	0.985	0.980	0.973	0.965	0.956	0.943
Nuclear Assoc 30-751 Farmer	1.002	1.002	1.000	0.999	0.997	0.994	0.991	0.989	0.985	0.981	0.977	0.969	0.961	0.953	0.940

续表

电离室类型	射线质 $TRP_{20,10}$														
	0.50	0.53	0.56	0.59	0.62	0.65	0.68	0.70	0.72	0.74	0.76	0.78	0.80	0.82	0.84
Nuclear Assoc 30-752 Farmer	1.004	1.003	1.001	1.000	0.998	0.996	0.993	0.991	0.989	0.985	0.981	0.974	0.967	0.959	0.947
NE 2515	1.001	1.001	1.000	0.999	0.997	0.994	0.991	0.988	0.984	0.980	0.975	0.967	0.959	0.950	0.937
NE 2515/3	1.005	1.004	1.002	1.000	0.998	0.995	0.993	0.991	0.989	0.986	0.982	0.975	0.969	0.961	0.949
NE 2577	1.005	1.004	1.002	1.000	0.998	0.995	0.993	0.991	0.989	0.986	0.982	0.975	0.969	0.961	0.949
NE 2505 Farmer	1.001	1.001	1.000	0.999	0.997	0.994	0.991	0.988	0.984	0.980	0.975	0.967	0.959	0.950	0.937
NE 2505/A Farmer	1.005	1.003	1.001	0.997	0.995	0.990	0.985	0.982	0.978	0.974	0.969	0.962	0.955	0.947	0.936
NE 2505/3, 3A Farmer	1.005	1.004	1.002	1.000	0.998	0.995	0.993	0.991	0.989	0.986	0.982	0.975	0.969	0.961	0.949
NE 2505/3, 3B Farmer	1.006	1.004	1.001	0.999	0.996	0.991	0.987	0.984	0.980	0.976	0.971	0.964	0.957	0.950	0.938
NE 2571 Farmer	1.005	1.004	1.002	1.000	0.998	0.995	0.993	0.991	0.989	0.986	0.982	0.975	0.969	0.961	0.949
NE 2581 Farmer	1.005	1.003	1.001	0.998	0.995	0.991	0.986	0.983	0.980	0.975	0.970	0.963	0.956	0.949	0.937
NE 2561 / 2611 Sec Std	1.006	1.004	1.001	0.999	0.998	0.994	0.992	0.990	0.988	0.985	0.982	0.975	0.969	0.961	0.949
PTW 23323 micro	1.003	1.003	1.000	0.999	0.997	0.993	0.990	0.987	0.984	0.980	0.975	0.967	0.960	0.953	0.941
PTW 23331 rigid	1.004	1.003	1.000	0.999	0.997	0.993	0.990	0.988	0.985	0.982	0.978	0.971	0.964	0.956	0.945
PTW 23332 rigid	1.004	1.003	1.001	0.999	0.997	0.994	0.990	0.988	0.984	0.980	0.976	0.968	0.961	0.954	0.943
PTW 23333	1.004	1.003	1.001	0.999	0.997	0.994	0.990	0.988	0.985	0.981	0.976	0.969	0.963	0.955	0.943

续表

电离室类型	射线质 $TRP_{20,10}$														
	0.50	0.53	0.56	0.59	0.62	0.65	0.68	0.70	0.72	0.74	0.76	0.78	0.80	0.82	0.84
PTW 30001/30010 Farmer	1.004	1.003	1.001	0.999	0.997	0.994	0.990	0.988	0.985	0.981	0.976	0.969	0.962	0.955	0.943
PTW 30002/30011 Farmer	1.006	1.004	1.001	0.999	0.997	0.994	0.992	0.990	0.987	0.984	0.980	0.973	0.967	0.959	0.948
PTW 30004/30012 Farmer	1.006	1.005	1.002	1.000	0.999	0.996	0.994	0.992	0.989	0.986	0.982	0.976	0.969	0.962	0.950
PTW 30006/30013 Farmer	1.002	1.002	1.000	0.999	0.997	0.994	0.990	0.988	0.984	0.980	0.975	0.968	0.960	0.952	0.940
PTW 31002 flexible	1.003	1.002	1.000	0.999	0.997	0.994	0.990	0.988	0.984	0.980	0.975	0.968	0.960	0.952	0.940
PTW 31003 flexible	1.003	1.002	1.000	0.999	0.997	0.994	0.990	0.988	0.984	0.980	0.975	0.968	0.960	0.952	0.940
SNC 100700-0 Farmer	1.005	1.004	1.001	0.999	0.998	0.995	0.992	0.989	0.986	0.981	0.976	0.969	0.962	0.954	0.943
SNC 100700-1 Farmer	1.007	1.006	1.003	1.001	0.999	0.997	0.995	0.993	0.990	0.986	0.983	0.976	0.969	0.961	0.951
Victoreen Radocon III 550	1.005	1.004	1.001	0.998	0.996	0.993	0.989	0.986	0.983	0.979	0.975	0.968	0.961	0.954	0.943
Victoreen Radocon II 555	1.005	1.003	1.000	0.997	0.995	0.990	0.986	0.983	0.979	0.975	0.970	0.963	0.956	0.949	0.938
Victoreen 30-348	1.004	1.003	1.000	0.998	0.996	0.992	0.989	0.986	0.982	0.978	0.973	0.966	0.959	0.951	0.940
Victoreen 30-351	1.004	1.002	1.000	0.998	0.996	0.992	0.989	0.986	0.983	0.979	0.974	0.967	0.960	0.952	0.941
Victoreen 30-349	1.003	1.002	1.000	0.998	0.996	0.992	0.989	0.986	0.983	0.980	0.976	0.969	0.962	0.954	0.942
Victoreen 30-361	1.004	1.003	1.000	0.998	0.996	0.992	0.989	0.986	0.983	0.979	0.974	0.967	0.960	0.953	0.942
Scdx-Wellhöfer CC13/IC10/IC15	1.001	1.001	1.001	1.000	0.999	0.997	0.995	0.993	0.989	0.985	0.980	0.972	0.964	0.955	0.943
Scdx-Wellhöfer CC25/IC25	1.001	1.001	1.001	1.000	0.999	0.997	0.995	0.993	0.989	0.985	0.980	0.972	0.964	0.955	0.943
Scdx-Wellhöfer FC23-C/IC28	1.001	1.001	1.001	1.000	0.999	0.997	0.995	0.993	0.990	0.985	0.980	0.972	0.964	0.955	0.943
Scdx-Wellhöfer FC65-P/IC69 Farmer	1.003	1.002	1.001	0.999	0.998	0.995	0.993	0.990	0.986	0.981	0.976	0.968	0.960	0.952	0.940
Scdx-Wellhöfer FC65-G/IC70 Farmer	1.005	1.004	1.002	1.000	0.998	0.997	0.995	0.992	0.989	0.985	0.981	0.973	0.966	0.958	0.947

表 B-2　电子束中使用 ^{60}Co 射线校准的不同类型的平行板电离室计算出的 K_Q 值，此值为射线质 R_{50} 的函数

电离室类型	射线质 R_{50}（gcm^{-2}）																
	1	1.4	2	2.5	3	3.5	4	4.5	5	5.5	6	7	8	10	13	16	20
Plane-parallel chambers																	
Attix RMI 449	0.953	0.943	0.932	0.925	0.919	0.913	0.908	0.904	0.900	0.896	0.893	0.886	0.881	0.871	0.859	0.849	0.837
Capintec PS-033	-	-	0.921	0.920	0.919	0.918	0.917	0.916	0.915	0.913	0.912	0.908	0.905	0.898	0.887	0.877	0.866
Exradin P11	0.958	0.948	0.937	0.930	0.923	0.918	0.913	0.908	0.904	0.901	0.897	0.891	0.885	0.875	0.863	0.853	0.841
NACP / Calcam	0.952	0.942	0.931	0.924	0.918	0.912	0.908	0.903	0.899	0.895	0.892	0.886	0.880	0.870	0.858	0.848	0.836
Markus	-	-	0.925	0.920	0.916	0.913	0.910	0.907	0.904	0.901	0.899	0.894	0.889	0.881	0.870	0.860	0.849
Roos	0.965	0.955	0.944	0.937	0.931	0.925	0.920	0.916	0.912	0.908	0.904	0.898	0.892	0.882	0.870	0.860	0.848
Cylindrical chambers																	
Capintec PR06C (Farmer)	-	-	-	-	-	-	0.916	0.914	0.912	0.911	0.909	0.906	0.904	0.899	0.891	0.884	0.874
Exradin A2 (Spokas)	-	-	-	-	-	-	0.914	0.913	0.913	0.913	0.912	0.911	0.910	0.908	0.903	0.897	0.888
Exradin T2 (Spokas)	-	-	-	-	-	-	0.882	0.881	0.881	0.881	0.880	0.879	0.878	0.876	0.871	0.865	0.857
Exradin A12 (Farmer)	-	-	-	-	-	-	0.921	0.919	0.918	0.916	0.914	0.911	0.909	0.903	0.896	0.888	0.878
NE 2571 (Guarded Farmer)	-	-	-	-	-	-	0.918	0.916	0.915	0.913	0.911	0.909	0.906	0.901	0.893	0.886	0.876
NE 2581 (Robust Farmer)	-	-	-	-	-	-	0.899	0.898	0.896	0.894	0.893	0.890	0.888	0.882	0.875	0.868	0.859
PTW 30001/30010 (Farmer)	-	-	-	-	-	-	0.911	0.909	0.907	0.905	0.904	0.901	0.898	0.893	0.885	0.877	0.868
PTW 30002/30011 (Farmer)	-	-	-	-	-	-	0.916	0.914	0.912	0.910	0.909	0.906	0.903	0.897	0.890	0.882	0.873

续表

电离室类型	射线质 R_{50} (gcm^{-2})																
	1	1.4	2	2.5	3	3.5	4	4.5	5	5.5	6	7	8	10	13	16	20
PTW 30004/30012 (Farmer)	-	-	-	-	-	-	0.920	0.918	0.916	0.915	0.913	0.910	0.907	0.902	0.894	0.887	0.877
PTW 30006/30013 Farmer	-	-	-	-	-	-	0.911	0.909	0.907	0.906	0.904	0.901	0.898	0.893	0.885	0.878	0.868
PTW 31002/31003 (flexible)	-	-	-	-	-	-	0.912	0.910	0.908	0.906	0.905	0.901	0.898	0.893	0.885	0.877	0.867
PTW 31006 PinPoint	-	-	-	-	-	-	0.928	0.924	0.921	0.918	0.915	0.910	0.905	0.896	0.885	0.876	0.865
PTW 31014 PinPoint	-	-	-	-	-	-	0.929	0.925	0.922	0.919	0.916	0.910	0.905	0.897	0.886	0.876	0.865
Scdx-Wellhöfer CC01	-	-	-	-	-	-	0.942	0.938	0.935	0.932	0.929	0.923	0.918	0.909	0.898	0.889	0.878
Scdx-Wellhöfer CC04/IC04	-	-	-	-	-	-	0.928	0.925	0.922	0.920	0.918	0.913	0.910	0.902	0.893	0.884	0.874
Scdx-Wellhöfer CC08/IC05/IC06	-	-	-	-	-	-	0.920	0.918	0.917	0.915	0.913	0.910	0.907	0.902	0.894	0.886	0.877
Scdx-Wellhöfer CC13/IC10/IC15	-	-	-	-	-	-	0.920	0.918	0.917	0.915	0.913	0.910	0.907	0.902	0.894	0.886	0.877
Scdx-Wellhöfer CC25/IC25	-	-	-	-	-	-	0.920	0.918	0.917	0.915	0.913	0.910	0.907	0.902	0.894	0.886	0.877
Scdx-Wellhöfer FC23-C/IC28	-	-	-	-	-	-											
Farmer shortened	-	-	-	-	-	-	0.920	0.918	0.916	0.914	0.913	0.910	0.907	0.902	0.894	0.886	0.877
Scdx-Wellhöfer FC65-P/IC69 Farmer	-	-	-	-	-	-	0.914	0.912	0.911	0.909	0.907	0.904	0.902	0.896	0.889	0.881	0.872
Scdx-Wellhöfer FC65-G/IC70 Farmer	-	-	-	-	-	-	0.920	0.918	0.916	0.914	0.913	0.910	0.907	0.902	0.894	0.887	0.877
Victoreen 30-348	-	-	-	-	-	-	0.910	0.908	0.906	0.903	0.902	0.898	0.895	0.888	0.880	0.872	0.862
Victoreen 30-351	-	-	-	-	-	-	0.906	0.904	0.902	0.901	0.899	0.896	0.893	0.888	0.880	0.873	0.864
Victoreen 30-349	-	-	-	-	-	-	0.899	0.898	0.897	0.896	0.895	0.893	0.891	0.888	0.881	0.875	0.866

表 C-1　XVI 系统常用预设值条件下的头部模体 CTDI 剂量校准因子（Cf）

预设编号	视野	长度 (cm)	能量 (kV)	过滤器	短模体		长模体	
					Cf_{Dc}[1]	Cf_{Dw}[2]	Cf_{Dc}	Cf_{Dw}
1	S	10	100	F0	0.86	1.00	0.87	1.00
2	M	10	100	F0	0.84	0.92	0.85	0.92
3	S	20	100	F0	0.91	1.04	1.01	1.11
4	M	20	100	F0	0.88	0.95	0.98	1.01
5	S	10	120	F0	1.47	1.66	1.49	1.68
6	M	10	120	F0	1.43	1.52	1.44	1.53
7	S	20	120	F0	1.55	1.73	1.73	1.85
8	M	20	120	F0	1.50	1.58	1.67	1.69
9	S	10	100	F1	0.63	0.67	0.63	0.67
10	M	10	100	F1	0.62	0.62	0.63	0.62
11	S	20	100	F1	0.66	0.70	0.73	0.75
12	M	20	100	F1	0.65	0.64	0.71	0.69
13	S	10	120	F1	1.12	1.17	1.13	1.17
14	M	10	120	F1	1.09	1.08	1.10	1.09
15	S	20	120	F1	1.18	1.22	1.31	1.31
16	M	20	120	F1	1.14	1.12	1.27	1.21

1. 指中心轴剂量校准因子；2. 指总剂量校准因子

表 C-2　XVI 系统常用预设值条件下的 CTDI 中心轴剂量校准因子

预设编号	视野	长度 (cm)	能量 (kV)	过滤器	短模体		长模体	
					Cf_{Dc}[1]	Cf_{Dw}[2]	Cf_{Dc}	Cf_{Dw}
1	S	10	100	F0	0.46	0.99	0.50	1.00
2	M	10	100	F0	0.42	0.83	0.44	0.84
3	S	20	100	F0	0.51	1.03	0.66	1.13
4	M	20	100	F0	0.45	0.87	0.58	0.94
5	S	10	120	F0	0.82	1.63	0.89	1.65
6	M	10	120	F0	0.74	1.36	0.79	1.38
7	S	20	120	F0	0.91	1.71	1.19	1.89
8	M	20	120	F0	0.81	1.42	1.04	1.56
9	S	10	100	F1	0.33	0.55	0.35	0.56
10	M	10	100	F1	0.30	0.47	0.32	0.48
11	S	20	100	F1	0.36	0.58	0.46	0.65
12	M	20	100	F1	0.33	0.50	0.42	0.55
13	S	10	120	F1	0.61	0.96	0.65	0.98
14	M	10	120	F1	0.55	0.82	0.59	0.84
15	S	20	120	F1	0.67	1.02	0.87	1.14
16	M	20	120	F1	0.60	0.87	0.77	0.96

1. 指中心轴剂量校准因子；2. 指总剂量校准因子

主要参考文献

[1] GB 15213-2016, 医用电子加速器性能和实验方法 [S].

[2] GB/T18987-2015, 放射治疗设备坐标、运动与刻度 [S].

[3] 国家癌症中心 / 国家肿瘤质控中心 . 2020. 医用电子直线加速器质量控制指南 [J]. 中华放射肿瘤学杂志 , 29(04):241-258.

[4] 胡逸民 , 1999. 肿瘤放射物理学 [M]. 北京：原子能出版社，61.

[5] 李明辉 , 马攀 , 田源 , 等 , 2018. 基于菊花链射野输出因子测量方法 [J]. 中华放射肿瘤学杂志 , 27(12)：1088-1092.

[6] JJG 589—2008, 医用电子加速器辐射源 [S].

[7] 徐向英 , 曲雅勤 , 2010. 肿瘤放射治疗学 [M]. 第二版 . 北京：人民卫生出版社 , 61.

[8] 顾本广 ,2003. 医用加速器 [M] . 北京：科学出版社 .

[9] 中华人民共和国国家卫生健康委员会 . 2020. ws674. 医用电子直线加速器质量控制检测规范 . 北京：中国标准出版社 .

[10] Almond PR, Biggs PJ, Coursey BM, et al, 1999. AAPM's TG-51 Protocol for clinical reference dosimetry of high-energy photon and electron beams[J].Medical Physics, 26(9)：1847-1870.

[11] Boone JM, Brink JA, Edyvean S, et al. 2012, Radiation dose and image-quality assessment in computed tomography[S]: ICRU Report No. 87, J ICRU 12:1-149.

[12] Boyer A, Biggs P, Galvin J, et al, 2001. AAPM REPORT NO. 72：BASIC APPLICATIONSOF MULTILEAF COLLIMATORS[M]. Madison: Medical Physics Publishing.

[13] Clinical use of electronic portal imaging: Report of AAPM Radiation Therapy Committee Task Group 58.

[14] Corrective Maintenance ManualSystem Communications (Document number 4513 370 2090 01-Language: English)-ELEKTA.

[15] Corrective Maintenance ManualInterlock System (Document number 4513 370 2091 01-Language: English)-ELEKTA1

[16] Corrective Maintenance ManualCooling, Gas & Vacuum Systems(Document number 4513 370 2093 01-Language: English) –ELEKTA.

[17] Corrective Maintenance ManualPower Supplies (Document number 4513 370 2095 01 -Language: English)-ELEKTA.

[18] Corrective Maintenance ManualMovement Systems (Document number 4513 370 2096 02-Language: English)-ELEKTA.

[19] Corrective Maintenance ManualHT and RF Systems(Document number 4513 370 2097 01-Language: English)-ELEKTA.

[20] Corrective Maintenance ManualBeam Physics System (Document number 4513 370 2098 01-Language: English)-ELEKTA.

[21] Corrective Maintenance ManualDosimetry System(Document number 4513 370 2099 01-Language: English)-ELEKTA.

[22] Das IJ, Cheng CW, Watts RJ, et al, 2008. Accelerator beam data commissioning equipment

and procedures : Report of the TG-106 of the Therapy Physics Committee of the AAPM[J]. Medical Physics, 35(9) : 4186-4215.

[23] Digital Accelerator Corrective Maintenance Manual Accessories[M]. UK:Elekta Limited, 2005.

[24] Digital Accelerator Corrective Maintenance Manual MLC Radiation Head[M]. UK:Elekta Limited, 2006.

[25] Digital Accelerator Installation Manual (Phase 2) Setting to work[M]. UK:Elekta Limited, 2008.

[26] Dixon RL, Anderson JA, Bakalyar DM, et al. 2010. Comprehensive methodology for the evaluation of radiation dose in x-ray computed tomography[EB/OL]: Report of AAPM Task Group 111; https://doi.org/10.37206/109.

[27] Elekta Synergy®—Clinical User Manual for XVI R3.5 (Document number 4513 370 2170 02-Language:English).

[28] Elekta Synergy® Platform Customer Acceptance Tests[M]. UK:Elekta Limited,2008.

[29] Elekta Synergy® Customer Acceptance Tests for XVI[M]. UK:Elekta Limited,2009.

[30] Elekta Synergy®—Clinical Mode User Manual for XVI R4.2 (Document number 4513 370 2284 02–Language:English).

[31] Huq MS, Fraass BA, Dunscombe PB, et al, 2016. The report of Task Group 100 of the AAPM: Application of risk analysis methods to radiation therapy quality management[J]. Medical Physics, 43(7): 4209-4262.

[32] IAEA, 2004., Absorbed dose determination in external beam radiotherapy: an international code of practice for dosimetry based standards of absorbed dose to water: Technical Reports Series No.398 [R].

[33] IAEA HUMAN HEALTH REPORTS NO.16—Introduction of Image Guided Radiotherapy into Clinical Practice.

[34] IEC 61217 AMD 1-2000, Radiotherapy equipment- Coordinates, movements and scales[S].

[35] Integrity ™ R1.1 Instructions for Use Clinical Mode(Document ID :1024114 02-publication date:2012-11–language :chinese).

[36] iViewGT Customer Acceptance Tests [M]. UK:Elekta Limited,2001.

[37] IviewGT ™ —user Manual (Document number 4513 370 1944 04-Language:English)-ELEKTA.

[38] Integrity ™ R1.1—Istructions for Use–Clinical Mode(1017360 03–language :English).

[39] Integrity ™ R1.1—Istructions for Use–Service Mode(Document ID :1014075 01–publication date:2011-07–language :English).

[40] Klein EE, Hanley J, Bayouth J, et al, 2009. Task Group 142 report: Quality assurance of medical accelerators[J]. Medical Physics, 36(9): 4197-4212.

[41] Nederlandse Commissie voor Stralingsdosimetrie, 2019. Quality assurance of cone-beam CT for radiotherapy[EB/OL];https://www.doi.org/10.25030/ncs-032.